シン・オーガニック ビレッジ宣言の すすめ

～　元外資系金融マンが田舎に住んでわかったこと　～

㈱食材研究所　所長
勝又　英博

オーガニックとは

「オーガニック」は、西洋の言葉です。この言葉が、この本のテーマです。『自然農法』という本を書いたアメリカの事業家ロディルは、「オーガニック」という言葉は、自然の調和をはかった農業のありかたを意味すると考えました。彼は自然との共生について、企業的農業の傲慢な手段と完全に対峙するものと示唆しました。オーガニックが自然の法則からかけ離れることのないように、自然現象を研究する事が必要だと彼は主張しました。

「自然尊重」、「自然順応」ということでしょうか？

また、「オーガニック」という言葉は日本語では「有機の」と訳されています。化学肥料や農薬に頼らず、水、土、太陽、生物等自然が持つ本来の力を生かした農林水産業や加工方法を指すとオーガニック認定機構は説明しています。

私は、日本には、江戸時代より既に循環型社会が十分根付いたと考えています。有限である資源を効率的に活用すると共に循環的な利用を行い、持続可能な社会の様相を呈していました。その時代を支えた思想はいつしか失われてしまいましたが、今、オーガニックビレッジ宣言により復活しようとしています。

オーガニックとは、生き物を大切にする事だと私は理解しています。オーガニックの浸透によって、生きとし生けるもの全てが尊重される社会が到来する事を期待します。

推薦のことば

畏友　勝又英博氏が永年の研究と実践の成果をまとめ出版されるにあたり、畑違いの地方自治の分野で約40年働かせていただいた私に露払いの一文を寄せさせていただく機会を与えて下さり、まずもって感謝申し上げる次第です。もうすぐ82歳の私ですが今流行りの自家農園はおろか花の一輪も育てたことのない私がこれからの日本の農業の主軸になるであろう――ならねばならない――オーガニックの重要性を熱心に研究され、その中で得られた知見を世に問われるこの機会に果たしてお役に立てうるか否か自問自答の中でペンをとっている次第です。私は38歳のときに山口県防府市（人口約12万）の市議会議員にさせていただき、身が小商売人で大学で政治経済を学んだことから市議会で経済委員会に所属しました。まず気づいたことは何と我が国は農林水産――1次産業――なかんずく農業に手厚い保護と育成をしているということでした。今にして思えば農業こそ日本の基幹産業であり、政治体制の基盤であればこそ、その様々な政策であった訳であります。その後県議12年、市長20年とまさに地方自治のど真ん中で働いている間、世は1次産業から2次、3次産業中心の社会となり、国際化、情報化とめまぐるしく移り変わってまいりました。

流通の世界でも生産国はもとより生産地はおろか生産者の名前まで表示されていることに驚きも感じない世の中、市場になってまいりました。こうした中で勝又英博氏の提唱しておられるオーガニックビレッジは私流の直訳として「元の自然にかえる地方自治体の生き残り作戦」として位置づけることによって多くの方々の共感と賛同を得て政治をも動かす力となり得ると痛感する次第です。かねてから私は40年来の友人である亡き安部晋三総理に「日本を支えているのは税金を払っている方々と、一握りの官僚と一握りの政治家と我々メイヤーである」と申し上げておりました。この力作をぜひ地方自治体で懸命に働くメイヤー（市町村長）の諸兄姉、真に健全な国家社会の建設を考えておられる官僚や政治家に読んでもらいたい。オーガニックビレッジ構想を政策として推進していただいてこそ分をわきまえた社会の構築につながり、少子化の進む我が国の前途を輝らす灯になるであろうと痛感する次第であります。

キュウリやナスやダイコンが曲がっていたっていいじゃないか。
果物が少々でこぼこがあってもいいじゃないか。
私達だってホクロもあればアザもあり、えくぼもある。
それが自然の産物なんだよ！
その自然にいかされているんだよ！　私達は。

第29代全国市長会会長
教育再生首長会議名誉顧問
前防府市長

松浦　正人

オーガニックビレッジ宣言を行う5つのメリット

1．市民へのアピール

選挙の際、環境保全に取り組んでいるイメージを有権者に与えられるのみならず、地域の有機農産物を、学校給食や高齢者・医療施設に提供できるようになれば、子どもの親世代や高齢者層等にアピールすることができるでしょう。

2．地域活性化への貢献

高所得者の外国人観光客は健康志向が強く、オーガニックの食材を好むとする見方もあり、地元で提供できる環境を整えることができれば、観光振興にも寄与するものと思われます。また、都市部のファミリー層をターゲットに有機農業を体験できるグリーンツーリズムを推進したり、新規就農者には有機農業に取り組みたい若者が多い傾向にあることから、若者の移住につなげていける可能性もあります。

3. 環境保全の推進

化学肥料や農薬は土壌を汚染し、それらが川や海へと流れることにより、多様な生物に大きな影響を及ぼす可能性があります。有機農業を推進することにより、そうした環境汚染を防止することにつながります。

4. 安心・安全な食の提供

有機農業を推進し、化学肥料や農薬を使わない、あるいはその使用を抑えた農作物を提供できるような仕組みをつくっていくことで、市民の安心や安全を高めることができます。

5. 政府の政策の活用

「オーガニックビレッジ」として政府に採択されれば、有機農業実施計画の策定に上限1000万円（原則1年以内）などの交付金を活用することができます。

目次

□はじめに……10
私と農業、そしてオーガニックとの出会い
なぜオーガニックが重要なのか？
本書の狙いと構成
□序章　オーガニックビレッジ宣言とは何か？……15
1　オーガニックビレッジ宣言とは何か？
2　オーガニックビレッジ宣言を行う5つのメリット
□第2章　オーガニックビレッジ宣言自治体の事例……31
1　有機農業実施計画から見える取り組み事例
2　オーガニックライフスタイルＥＸＰＯ2023シンポジウム
「地域再生と自治体の目指すまちづくりを語る。未来へ繋ぐもの～地域から始まるリジェネラティブ」

□第3章　インタビュー……73
1　オーガニックビレッジ制度の狙い：大山兼広農水省農産局農業環境対策課長補佐
2　流域連携：黒木敏之宮崎県高鍋町長、半渡英俊木城町長
3　環境先進都市：桂川孝裕京都府亀岡市長、菱田光紀亀岡市議会議長
□第4章　シン・オーガニックビレッジ宣言のすすめ……113
1　シン・オーガニックビレッジ宣言とは何か
2　中貝宗治元兵庫県豊岡市長との対話
3　オーガニックビレッジ制度に求められる3つの心
□おわりに……150
□参考文献……154

はじめに

私と農業、そしてオーガニックとの出会い

私は1983年より大和證券㈱（現㈱大和証券グループ本社）、INGベアリング証券会社（オランダ）、ロイヤルバンク・オブ・スコットランド（英国）と、大学卒業後はずっと金融マンとして、国際金融畑で投資銀行業務に従事してきました。しかし、2008年のリーマン・ショック後、金融時代の終わりを感じ、これから重要になる分野は食とエネルギーだと考え、食材研究所を設立し、研究を始めることにしました。

また、2011年の東日本大震災後、体の弱い次男が農業をやりたいと言ったこともあり、自分も農業を学ぼうと考え、父母のふるさとである御殿場で2年間、当時の御殿場農業協同組合の農協学校に通いました。ハウスでつくるトマト、露地栽培でつくるキュウリなど、野菜作りの勉強をし、農業委員会で農家の資格も取りました。

その後、私が京野菜が好きということもあり、研究の一環で京都の野菜作りを推進している人たちにアプローチしていきました。中でも、後に京都の有機野菜卸会社である株式会社京都ベジラボの会長となる伊藤雅文さんと出会ったことで、有機農業により一層関心を持つようになりました。

彼は自然環境を守る、体にやさしい野菜をつくるという観点から、1970年代よりずっと有機農業に関わってきました。そういう人たちやその考え方に私は惹かれました。

なぜオーガニックが重要なのか？

私はアメリカのコロラド大学で開発経済を専攻したこともあり、ローマクラブが１９７２年に発表したレポートである『成長の限界』に大きな影響を受けました。これは人口増加や環境汚染などの傾向が続けば、１００年以内に地球上の成長は限界に達すると、警告するものです。

それから50年以上が経った今、ＳＤＧｓをはじめ、自然にやさしい社会にしよう、持続可能な社会をつくろうということがトレンドになってきたように思います。農水省もＳＤＧｓを推進するための施策の柱の一つとして、「有機農業の推進」を位置付けています。

もう一つ、私が影響を受けた本に、宮城県の牡蠣の漁師である畠山重篤さんが１９９４年に書かれた『森は海の恋人』があります。これは工場の建設ラッシュや、化学肥料や農薬の大量使用等による川の水質悪化のため、赤潮の発生をはじめ牡蠣が深刻な影響を受けるという問題に対し、著者自らが課題を発見し、解決していくドキュメンタリーです。

この中で著者は上流の森の木々の養分が、川を通じて海に流れることによって、牡蠣の育成に影響を与えることを発見するのですが、化学肥料や農薬を使用しなかったり、自然にやさしいものを使う有機農業は、その土地のみならず、川や海の水質を守るためにも重要ということになります。

このようにいま、オーガニックは国際的なＳＤＧｓの流れや、持続可能な社会をつくり、水や土を守る・国土を守るという観点から必須の考え方・取り組みになっています。

本書の狙いと構成

本書は全国の市長町長さん、知事の方々を主たる対象としています。より多くの自治体で、農水省の「オーガニックビレッジ宣言」をスタートとして、オーガニックな生活・文化への価値転換を図れるリーダーが生まれることを期待して、執筆しました。

※副市長・副町長さんや役所の農業振興部署の方、さらには議員の方々にもご覧いただける内容です。

序章ではまず、まだ「オーガニックビレッジ」に取り組んでいない市町村長の方々を対象に、農水省が推進している「オーガニックビレッジ宣言」の制度と、それに取り組むメリットについて説明しています。

第2章では、オーガニックビレッジ宣言自治体の事例を紹介しています。「オーガニックビレッジ宣言」を実施した自治体が公表している有機農業実施計画における取り組み事例と、一般社団法人オーガニックフォーラムジャパンにご協力いただき、2023年9月14日に行われた「オーガニックライフスタイルEXPOのシンポジウム」において、渡辺芳邦木更津市長、桂川孝裕亀岡市長、酒井隆明丹波篠山市長が発表された事例を掲載しています。

第3章では、インタビューにより、農水省や首長がオーガニックに取り組む思いや考え方を明らかにしています。まず改めて農水省にオーガニックビレッジの制度の趣旨を確認し、次いで全国的にも珍しい、二町の流域連携により有機農業実施計画の推進に取り組む、宮崎県の黒木敏之高鍋町長と半渡英俊木城町長。また、環境先進都市を目指し「オーガニックビレッジ」の先進的自治体と目される京都府亀岡市の桂川孝裕市長と菱田光紀市議会議長にインタビューを行っています。是非、彼らの思いに触れていただければと思います。

第4章では、「オーガニックビレッジ宣言」の先の展開について、論じています。持続可能な社会をつくり、水や土を守っていくために、農水省の「オーガニックビレッジ宣言」はあくまでスタートです。その次のフェーズとして、私は消費者も含めた市民の心が変わっていくことが重要だと考えており、そのための提案を「シン・オーガニックビレッジ宣言」としてまとめています。とりまとめにあたっては、元兵庫県豊岡市長の中貝宗治氏にアドバイスをいただきましたので、そのインタビュー内容も掲載しています。

本書をご一読いただき、一人でも多くの首長の方々が「オーガニックビレッジ宣言」に取り組み、更には「シン・オーガニックビレッジ宣言」にご理解をいただき、行動に移していただけることを願ってやみません。

序章

オーガニックビレッジ宣言とは何か？

序章　オーガニックビレッジ宣言とは何か？

本章では農水省が展開する「オーガニックビレッジ宣言」について解説した上で、首長や議員がオーガニックビレッジ宣言へアプローチするメリットを説明します。

1　オーガニックビレッジ宣言とは何か？

「オーガニックビレッジ宣言」は、農水省が2021年5月に策定した「みどりの食料システム戦略」を背景に創出された制度です。したがって、まず、この戦略の内容を押さえておく必要があります。

農水省は「みどりの食料システム戦略」を次のように説明しています。少し長いですが、農水省のウェブサイトから引用します。

「我が国の食料・農林水産業は、大規模自然災害・地球温暖化、生産者の減少等の生産基盤の脆弱化・地域コミュニティの衰退、新型コロナを契機とした生産・消費の変化などの政策課題に直面しており、将来にわたって食料の安定供給を図るためには、災害や温暖化に強く、生産者の減少やポストコロナも見据えた農林水産行政を推進していく必要があります。

このような中、健康な食生活や持続的な生産・消費の活発化やＥＳＧ投資市場の拡大に加え、諸外国でも環境や健康に関する戦略を策定するなどの動きが見られます。

今後、このようなＳＤＧｓや環境を重視する国内外の動きが加速していくと見込まれる中、我が国の食料・農林水産業においてもこれらに的確に対応し、持続可能な食料システムを構築することが急務となっています。

このため、農林水産省では、食料・農林水産業の生産力向上と持続性の両立をイノベーションで実現する「みどりの食料システム戦略」を策定しました。（出所：農水省ウェブサイト）

この上で、①調達→②生産→③加工・流通→④消費→①調達～という食料のサイクル・システムにおいて、

①調達：資源・エネルギー調達における脱輸入・脱炭素化・環境負荷軽減の推進
②生産：イノベーション等による持続的生産体制の構築
③加工・流通：ムリ・ムダのない持続可能な加工・流通システムの確立
④消費：環境にやさしい持続可能な消費の拡大や食育の推進

という課題を設定し、それぞれについて、課題解決のための具体的な取組を示しています。

そして、この中で２０５０年までに目指す姿と取組方向を12の分野で示しているのですが、「オーガニックビレッジ宣言」との関係で注目したいのが、以下の３つの分野です。

①化学農薬

・2040年までに、ネオニコチノイド系農薬を含む従来の殺虫剤を使用しなくてもすむような新規農薬等を開発する。

・2050年までに、化学農薬使用量（リスク換算）の50％低減を目指す。

②化学肥料

・2050年までに、輸入原料や化石燃料を原料とした化学肥料の使用量の30％低減を目指す。

③有機農業

・2040年までに、主要な品目について農業者の多くが取り組むことができるよう、次世代有機農業に関する技術を確立する。

・2050年までに、オーガニック市場を拡大しつつ、耕地面積に占める有機農業※の取組面積の割合を25％（100万ha）に拡大することを目指す。（※国際的に行われている有機農業）

日本における有機農業の取組面積は平成23年から令和3年の10年間で37％増加して26・6千haではありますが、その割合は0・6％ですから、25％という目標は、相当高い数値と捉えてよいのではないかと思います。（出所：農水省）

さらに、世界では欧州諸国における有機農業の取組面積割合が高いと言われておりますが、2020年でイタリア16・0％、ドイツ10・2％、スペイン10・0％、フランス8・8％なので、これから伸びていくであろうヨーロッパの水準に近づける野心的な目標と言ってもよいかもしれません。（出所：農水省）

また、この戦略には「食料・農林水産業の生産力向上と持続性の両立をイノベーションで実現」という副題がついているように、課題解決の手法として、技術のイノベーションを重視しており、それらの領域を明確に定めていることが特徴の一つとなっています。

こうした中で、

①温室効果ガス削減

②化学農薬の使用量低減

③化学肥料の使用量低減

④有機農業の取組面積拡大

に向けた技術革新のロードマップがそれぞれ示されています。

例えば、図表1で示されているように、「有機農業の取組面積拡大に向けた技術革新」では、次のような、2050年までに実現すべき取り

図表1：有機農業の取組面積拡大に向けた技術革新のロードマップ
（出所：農水省「みどりの食料システム戦略」）

組み・技術のロードマップ（工程表）が示されています。

・緑肥等の有機物施用による土づくり
・土着天敵や光を活用した害虫防除技術
・水田の水管理による雑草の抑制
・地力維持作物を組み入れた輪作体系の構築
・ＡＩ等を活用した土壌病害発病ポテンシャルの診断技術
・除草の自動化を可能とする畦畔・圃場周辺の基盤整備
・先端的な物理的手法や生物学的手法を駆使した害虫防除技術
・主要病害に対する抵抗性を有した品種の育成
・幅広い種類の害虫に対応できる有効な生物農薬供給チェーンの拡大
・土壌微生物機能の完全解明とフル活用による減農薬・肥料栽培の拡大

以上が「みどりの食料システム戦略」の概略になります。

そして、この戦略を踏まえて設定された制度の一つが「オーガニックビレッジ宣言」ということになります。

まず戦略と同様に農水省の説明を見てみましょう。

「農林水産省では、『みどりの食料システム戦略』を踏まえ、有機農業に地域ぐるみで取り組む産地（オーガニックビレッジ）の創出に取り組む市町村の支援に取り組んでいます。

「オーガニックビレッジ」とは、有機農業の生産から消費まで一貫し、農業者のみならず事業者や地域内外の住民を巻き込んだ地域ぐるみの取組を進める市町村のことをいい、農林水産省としては、このような先進的なモデル地区を順次創出し、横展開を図っていく考えです。」（出所：農水省ウェブサイト）

この支援制度においては、二つの特徴があると考えられます。

一つは、前述の「オーガニックビレッジ」の創出に取り組むことを各自治体の市町村長が宣言すること、これが支援の前提となっていることです。この宣言の主体は基礎自治体の首長ということになります。下のような宣言の様式がダウンロードでき、首長の写真と氏名を入れて、有機農業の推進に向けた首長のメッセージを記載して提出することになっています。首長が取組むことを宣言するので、役所の有機農業の担当部長が独自に取り組むよりかは、推進力が向上することが期待できます。

（市町村名）

写真等

（生産ほ場、作物、農業者等
地域の有機農業のイメージとなるもの）

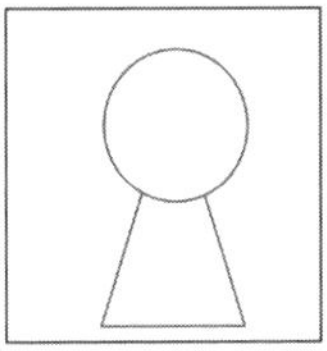

（市町村長名）

有機農業実施計画に対する思いのメッセージ（首長のメッセージ）を自由に記載してください。

令和〇年〇月〇日

（出所：農水省「オーガニックビレッジ宣言様式」）

もう一つは、単に有機農家を支援するだけではなく、文字通り「地域ぐるみ」の取り組みを支援する制度だということです。戦略で示した ①調達→②生産→③加工・流通→④消費というサイクルのうち、①の調達を除いた ②生産→③加工・流通→④消費→②生産というサイクルを、農業者、事業者、住民を巻き込みながら、各市町村をベースに推進していくことを想定しています。そのイメージは下の図の通りです。

また、事業の取り組みの流れとしては次のようなイメージを想定しています。

＜事業イメージ＞

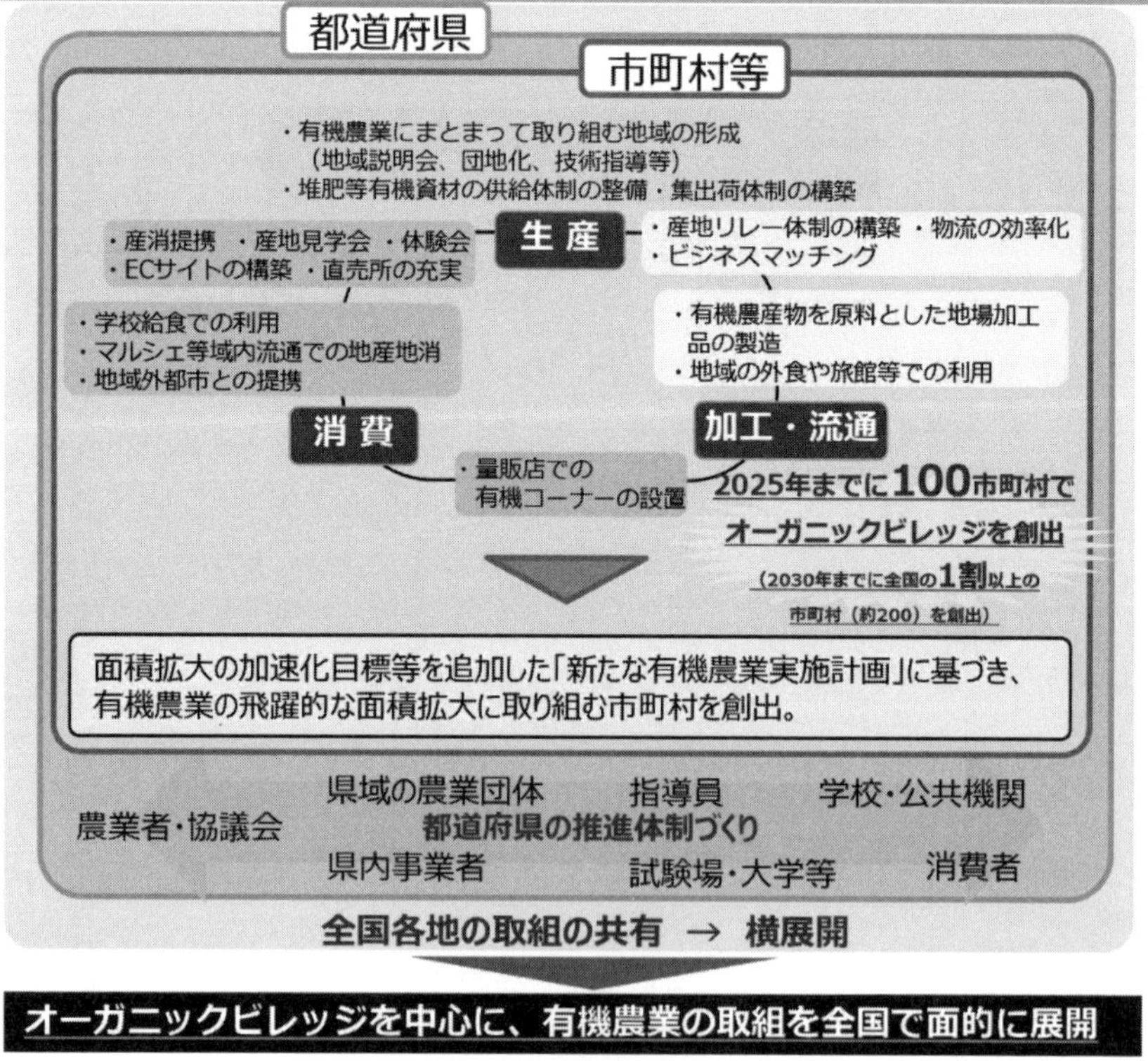

（出所：農水省）

・検討会の開催　←

・並行して試行的取り組みを実施　←
※具体的な取り組みのイメージについては下の農水省資料を参照　←

・有機農業実施計画の策定・周知　←

・オーガニックビレッジ宣言　←

・実施計画に基づく取り組みの実施

試行的な取組のイメージ

【生産関係】

➢地域で栽培経験のない野菜品種の導入に向けた
○ほ場借り上げ
○先進農家の指導の下、土づくりや播種、防除等の研修実施
○栽培技術講習の計画作成等

➢地域の未利用有機質資源について
○賦存量調査
○収集方法等の検討・試行
○事業や堆肥化施設の概略設計
○少量の堆肥を試作し栽培試験を実施　等

➢ほ場の団地化に向けた
○計画策定、説明会開催
○圃場の刈払い・抜根等の役務や必要な重機のレンタル
○土壌診断、緑肥での土壌改良試験
○有機認証機関によるほ場実施検査等

栽培技術・経営力向上に係るソフトウェアの導入、出荷量・出荷先の調査など共同出荷体制の整備、その他地域で必要と考える取組

【流通・加工関係】

➢ 流通の合理化に向けた
○出荷量等調査、集荷場所の借り上げ
○地域内集荷便の試験運行やアンケート、
○洗浄・梱包等の試行
○共同出荷ブランドの検討　等

➢ 地域外の事業者と連携し
○加工品の作成に向けた打合せ
○合理的な流通経路等の調整
○加工品の試作
○有機の特徴を伝える商品化の検討経費　等

展示会やイベントへの出展、実需者の招へい、事業者向けの表示制度等の研修、その他地域で必要と考える取組

【消費関係】

○生産・出荷計画の調整会議開催
○有機農業の環境保全効果の理解を促す生物観察等の実証と効果調査
○有機食材を使った給食と食育の試行経費（食材費を含む）　等

○マルシェの試行開催
○チラシ作成、広報
○会場の借り上げ・案内等の作成
○有機農業の説明資料作成、当日説明員配置と効果調査　等

消費者との交流会（シンポジウムやワークショップ等）の開催、直売所等へのコーナー設置、ＨＰの構築、企業・環境団体との連携、その他地域で必要と考える取組

➢※**生産の取組のみならず**、流通・加工関係、消費関係の取組を組み合わせ

（出所：農水省）

「オーガニックビレッジ」として採択されるために必要となる有機農業実施計画については、参考様式として、左のような計画書の雛形がダウンロードできるようアップされています。

〇〇市(町・村)〇〇有機農業実施計画

1. 市区町村
2. 計画対象期間
令和　　　　～　　　令和
3. 対象市区町村における有機農業の現状と5年後に目指す目標
ア　有機農業の現状 イ　5年後に目指す目標
3. 取組内容
ア　有機農業の生産段階の推進の取組 イ　有機農業で生産された農産物の流通、加工、消費等の取組
4. 取組の推進体制
ア　実施体制図 ※実施に必要な組織、委託先等を記載すること イ　関係者の役割
5. 資金計画
別紙のとおり
6. 本事業以外の関連事業の概要
7　みどりの食料システム法に基づく有機農業の推進方針について
※基本計画と本実施計画との関連性等必要に応じて記載すること
8　その他(達成状況の評価、取組の周知等)

(出所：農水省「(参考様式) 有機農業実施計画」)

そして、「オーガニックビレッジ」として採択された場合は、有機農業実施計画の策定に上限1000万円（原則1年以内）、実施計画の実現に向けた取り組みの実践（実施期間は2年以内・民間資金を活用した取り組みを行っている場合1年延長）に上限800万円が交付されます（機械リースのみ補助率1／2以内）。

農水省はこのような制度の下、「オーガニックビレッジ」を2025年までに100市町村、2030年までに200市町村創出することを目標に掲げています。図表2の通り、2023年度時点で既に93市町村で取り組みが開始されており、2025年の目標は達成できそうな勢いです。

さらに、農水省はオーガニックビレッジ宣言自治体や、関心のある自治体を主な対象として、「オーガニックビレッジ全国集会」を開催してお

有機農業産地づくり推進事業　～オーガニックビレッジ実施地区～　【R6. 2. 1時点】

○ 有機農業の面積拡大に向けて、地域ぐるみで有機農業の生産から消費まで一貫して取り組む『オーガニックビレッジ』を2025年までに100市町村、2030年までに200市町村創出することを目標に、全国各地での産地づくりを推進。

○ 令和3年度補正予算から、みどりの食料システム戦略推進総合対策により支援を開始し、令和5年度までに43道府県93市町村で取組を開始。

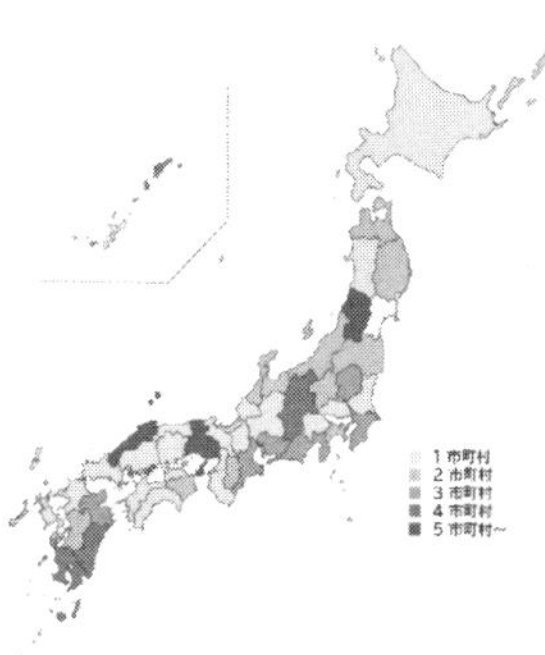

令和4年度　55市町村

⇩ 新たに38市町村で取組を開始

令和5年度　93市町村

【実施市町村】

都道府県	市町村
北海道	①（安平町）
青森県	②（黒石市、五戸町）
岩手県	②（花巻市、一関市）
秋田県	①（大潟村）
山形県	⑦（米沢市、鶴岡市、新庄市、川西町、山形市、酒田市、高畠町）
福島県	②（二本松市、喜多方市）
茨城県	①（常陸大宮市）
栃木県	③（小山市、市貝町、塩谷町）
群馬県	②（甘楽町、高山村）
埼玉県	①（小川町）
千葉県	③（木更津市、佐倉市、神崎町）
神奈川県	②（相模原市、小田原市）
山梨県	①（北杜市）
長野県	④（辰野町、松川町、飯田市、飯綱町）
静岡県	③（掛川市、藤枝市、川根本町）
新潟県	②（佐渡市、新発田市）
富山県	②（南砺市、富山市）
石川県	①（珠洲市、羽咋市）
福井県	①（越前市）
岐阜県	①（白川町）
愛知県	③（東郷町、南知多町、岡崎市）
三重県	③（尾鷲市、名張市、伊賀市）
滋賀県	①（甲賀市）
京都府	①（亀岡市）
大阪府	①（堺市）
兵庫県	⑨（豊岡市、丹波篠山市、養父市、丹波市、淡路市、神戸市、朝来市、加東市、上郡町）
奈良県	②（宇陀市、天理市）
和歌山県	①（かつらぎ町）
鳥取県	①（日南町）
島根県	⑤（浜田市、大田市、邑南町、吉賀町、江津市）
岡山県	①（和気町）
広島県	①（神石高原町）
山口県	①（長門市）
徳島県	②（小松島市、海陽町）
香川県	①（三豊市）
愛媛県	①（今治市）
高知県	①（馬路村）
福岡県	①（うきは市）
長崎県	①（南島原市）
熊本県	②（南阿蘇村、山都町）
大分県	③（佐伯市、臼杵市、豊後高田市）
宮崎県	④（綾町、高鍋町・木城町、えびの市）
鹿児島県	④（南さつま市、湧水町、南種子町、徳之島町）

計 93市町村　※R5新規は下線

図表2：オーガニックビレッジ実施地区　（出所：農水省）

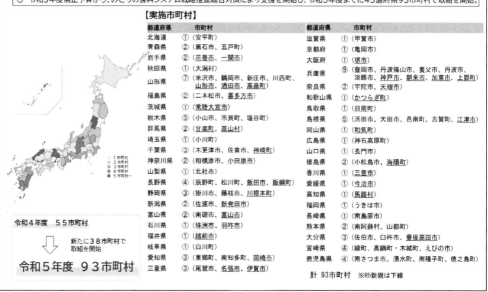

り、自治体や事業者の先進事例を共有する場を設けています。

ここで特筆すべきは、全国各地で技術指導を行う団体によるプレゼンの機会を設けていることです。2024年1月15日に一般社団法人日本有機農産物協会の協力の下開催された全国集会では、株式会社ジャパンバイオファーム、NPO法人民間稲作研究所、一般社団法人MOA自然農法文化事業団、株式会社マイファームといった法人が情報を提供しました。技術のイノベーションを重視する「みどりの食料システム戦略」を実現するため、こうした場が、技術を普及していく場としても今後ますます機能していくことが予想されます。

この協力団体である日本有機農産物協会は、

・セミナー（勉強会・研究会）の開催
・ロジステック・シェアリングの実現
・有機農産物業界の規格・標準化による業界全体の効率化の実現
・市場規模の把握
・有機農業の運営サポート

などの活動に取り組んでおり、様々な情報を入手できるので、入会をお勧めします。

（出所：日本有機農産物協会　ウェブサイト　https://j-organic.jp/）

2　オーガニックビレッジ宣言を行う5つのメリット

「オーガニックビレッジ宣言」における宣言主体は市長や町長、村長、つまり首長です。首長にとって、宣言して有機農業を推進することにどのようなメリットがあるのでしょうか。基本的には5つのメリットがあると考えられます。（あえて順番を変えてます。）

(1)　政府の政策の活用

「オーガニックビレッジ」として政府に採択されれば、先に見たように、有機農業実施計画の策定に上限1000万円（原則1年以内）などの交付金を活用することができます。

(2)　安心・安全な食の提供

有機農業を推進し、化学肥料や農薬を使わない、あるいはその使用を抑えた農作物を提供できるような仕組みをつくっていくことで、市民の安心や安全を高めることができます。

(3)　環境保全の推進

化学肥料や農薬は土壌を汚染し、それらが川や海へと流れることにより、多様な生物に大きな影響を及ぼす可能性があります。有機農業を推進することにより、そうした環境汚染を防止することにつながります。

(4) 地域活性化への貢献

高所得者の外国人観光客は健康志向が強く、オーガニックの食材を好むとする見方もあり※、地元で提供できる環境を整えることができれば、観光振興にも寄与するものと思われます。また、都市部のファミリー層をターゲットに有機農業を体験できるグリーンツーリズムを推進したり、新規就農者には有機農業に取り組みたい若者が多い傾向にあることから、若者の移住につなげていける可能性もあります。

(※例えば以下をご参照) 杉村 慶明「日本のオーガニック食品購入者層、その意外な実態とは?」(出所:ウェブ電通報)

(5) 市民へのアピール

選挙の際、環境保全に取り組んでいるイメージを有権者に与えられることのみならず、地域の有機農産物を学校給食や高齢者・医療施設に提供できるようになれば、子どもの親世代や高齢者層等にアピールすることができるでしょう。

特にオーガニックビレッジ宣言実施自治体を含め、子どもたちに安心・安全な食を提供しようと、全国的に学校給食にオーガニックを提供するという動きが徐々に広がっています。千葉県のいすみ市は、2023年12月12日時点でまだ「オーガニックビレッジ宣言」を行っておりませんが、コウノトリと共生するまち兵庫県豊岡市の取り組みに感銘を受けたいすみ市長の強い呼びかけが発端で、2012年当時、自給的農家以外は有機米づくりを行っている農家がいない状況から出発し、2017年には市内すべての小中学校(公立小学校10校と公立中学校3校)の給食が、100%有機米になりました。

(出所:オーガニック給食ウェブサイト)

国政レベルでも、学校給食で子どもの健康に配慮した食材の提供を目指す観点から、2023年6月15日に超党派による「オーガニック（有機）給食を全国に実現する議員連盟」（共同代表：坂本哲志衆議院議員、川田龍平参議院議員）が発足しています。

さらに、長野県ではそれに先駆けて2020年に信州オーガニック議員連盟が発足。安全な農産物と食品を安心して食べることができる環境の実現をめざし、長野県内の自治体議員有志が集まる緩やかなネットワークを形成して活動を推進しています※。また、高知県でも2023年に高知オーガニック議員連盟が発足しており、こうした流れが全国に広がっていく可能性がありそうです。（出所：信州オーガニック議員連盟ウェブサイト）

第2章

オーガニックビレッジ宣言自治体の事例

第2章　オーガニックビレッジ宣言自治体の事例

序章では、オーガニックビレッジ宣言とは何なのか、そしてそれを首長が推進するメリットについて簡単に説明しました。

第2章では、オーガニックビレッジ宣言を行った自治体が提出する有機農業実施計画から、どのようなことを課題として捉えているのか、また、何に取り組んでいこうとしているのかについて、その傾向を見ていきます。

また、筆者は2023年9月16日に一般社団法人オーガニックフォーラムジャパンが主催して実施した、「第8回オーガニックライフスタイル　EXPO」のシンポジウム、「地域再生と自治体の目指すまちづくりを語る。未来へ繋ぐもの～地域から始まるリジェネラティブ」に参加しましたが、そこで事例をご報告された首長さんたちのお話に非常に感銘を受けました。そこで、オーガニックフォーラムジャパンの徳江倫明会長に無理を言って、その内容を本書にも掲載させていただき、広くお伝えしたいとお願いし、ご承認をいただいた次第です。是非、ご参考にしていただければ幸いです。

1　有機農業実施計画から見える取り組み事例

農水省の「オーガニックビレッジ」として自治体が認定されるには、事業開始年度の翌年度の4月までに有機農業実施計画を策定し、提出する必要があります。序章で触れたように、2023年度末時点で既に93市町村で宣言がなされていますが、本節ではそれらが公表している有機農業実施計画から、課題や取り組みについて傾向をみていきたいと思います。

(1) 有機農業を推進する上での課題

まず、自治体の課題認識から見ていきたいと思います。徳島県小松島市の整理が包括的にまとまっているので、引用します。(出所：小松島市)

課題

●生産面

①施肥・土づくりに生産コストが多くかかること
②雑草除去作業等の労力が多くかかること
③病害虫などの対策に労力を要すること
④生産物に対する適切な販売価格の設定と販路開拓が難しいこと
⑤有機JAS認証の取得・維持にかかる費用や手間と比較して、それ以上の収益を得られるかどうかが不確実であること

●消費面

①有機農業が環境への負荷を大幅に低減するなどの機能を持つことへの理解が進んでいないこと

②有機農産物及び有機農産物を使用した食品への注目は高まっているが、昨今の新型コロナウイルス感染症の流行やウクライナ情勢、円安による影響で輸入農産物及び食品の価格が上昇していること

生産面で提示されている項目については、多くの自治体で掲げられており、共通の課題だということがうかがえます。また、筆者が注目したいのが消費面で掲げられている①の項目です。関連して、「オーガニックビレッジ宣言」を行った自治体の中には、独自にアンケート調査を実施し、消費者からも回答を得ている自治体があります。

例えば、栃木県市貝町は、市内のアンケート調査と、調査会社を活用した関東地方全域での調査を実施しています。この中で、「有機農産物に対する印象」について聞いていますが、市貝町民は「無農薬で安心できる」が60%を超えているのに対し、「環境にやさしい」が30%強にとどまっています。また、関東全域でも、「無農薬で安心できる」は50%弱に対し、「環境にやさしい」は30%にとどまっており、約20~30%の開きがあります。(出所:市貝町)

また、兵庫県丹波市の市民への調査結果をみると、「安全である」が38・8%であるのに対し、「環境に負荷をかけていない」が9・1%にとどまり、やはり30%近い開きがあります。(出所:丹波市)

こうした調査結果からわかることは、有機農産物が安心・安全という意識はそこそこ高いものの、有機農業自体が地域の土や水を守り、持続可能な社会の実現に貢献するものだということが、一般にはまだまだ理解されていないということです。

今後はエシカル消費※の浸透が予想される中、有機農産物の消費を伸ばすためには、こうした意識をいかに向上させることができるかが、重要な鍵になるように思われます。

（※消費者それぞれが各自にとっての社会的課題の解決を考慮したり、そうした課題に取り組む事業者を応援しながら消費活動を行うこと。）

（出所：消費者庁）

土や水といった環境を守れるのは生産者だけではありません。消費者も、消費を通じて貢献できるということを学び、生産者も消費者も一体となって、地域で有機農業を推進していくことが重要ではないでしょうか。

(2) 有機農業推進のための取り組み

次に、「オーガニックビレッジ宣言」を実施した自治体は何に取り組もうとしているのか、上記の課題解決の取り組みや特徴的な取り組みについて、それぞれの計画から取り上げながら、以下、見ていきたいと思います。

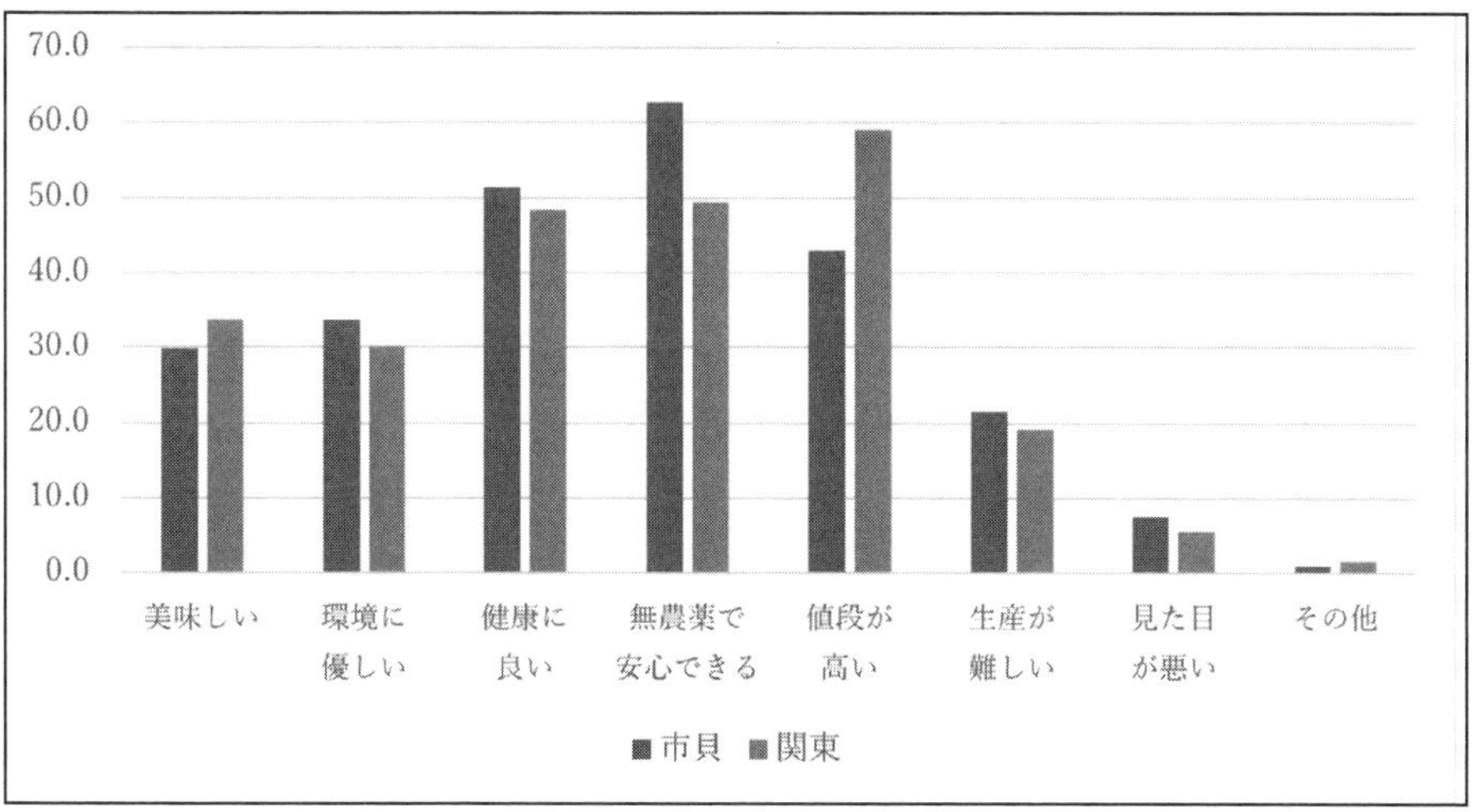

図表３ 有機農産物に対する印象（栃木県市貝町アンケート調査結果）

①　学校給食の有機農産物化

全国的に広がっているのがこの学校給食の有機農産物化です。これは生産者に対して安定的な販路を確保するという側面と、子どもたちの食の安全・安心に寄与するという2つの側面があるように思います。

例えば、栃木県市貝町では、年数回の「市貝町産有機野菜給食の日」を設け、その回数を年々増やしていき、最初から全量を目指すのではなく、取り組みやすい品目から開始し、順次、品目数や取扱量の拡大を目指すとしています。

また、長野県松川町では、小中学校のみならず、保育園・子育て支援センターおひさま・下伊那赤十字病院、福祉施設（松川荘・ひまわり荘）、町内飲食店に広げていくことを目指しています。

②　多様な販路の確保

生産者の大きな課題となっているのが販路の確保ですが、自治体によって、色々な取組みが散見されましたので、それを以下簡単にご紹介します。

・長野県辰野町では、ブランド化を図り環境にやさしい農産物に関連したふるさと納税返礼品を40品目にすることを目指しています

・新潟県佐渡市では、観光ホテルや旅館等での活用により消費の拡大を目指し、「オーガニックアイランド」の実現を目指すとしています。

・兵庫県豊岡市では、地元飲食店での利用を促進したり、観光地（城崎温泉等）でのレストラン、旅館等で地元産有機

農産物の活用、利用拡大について推進等を行うとしています。

・栃木県市貝町では、道の駅から有機農産物の販売拡大をはじめるとしています。

・静岡県掛川市では、計画の中で「特に茶は、近年輸出が好調のためオーガニック茶に対する需要は高く、市場取引において茶商社と連携して輸出体制の整備を進める。また、輸出において特に好調なのは、抹茶（粉末茶）であることから、煎茶製造が主流の当市においても、有機碾茶・抹茶製造拡大に向けた実効性のある取組を検討、推進する」としています。

また、「生産者や流通業者に対し、ECサイト設置や加入を促すことで、販売経路の多様化を図る。必要に応じ、専門家の派遣やECサイト構築に関する費用を助成する等の支援を行う」と掲げています。

・同じく茶の生産が盛んな静岡県藤枝市では、「有機農産物の海外輸出を推進するため、有機JAS認定取得経費と残留農薬検査に係る経費の一部補助や、有機圃場転換農園への奨励金を助成することで、生産者の負担を軽減し、さらなる海外輸出を実現する」としています。

・島根県大田市では、規格外品は冷凍野菜としての引き合いが見込まれることから、市外冷凍加工事業者及び物流業者と連携し、出荷体制の検討を行うとしています。

③　マニュアルの作成

多くの自治体で基本的な施策として掲げているものです。

例えば、茨城県常陸大宮市では、科学的知見に基づく有機栽培技術のマニュアル作成を進めている農業改良普及センター等の関係機関と連携するとしています。

④　循環型農業の推進

特に畜産や漁業が盛んな地域では、糞や廃棄魚から堆肥をつくり、循環型農業の形成を図っている地域が見受けられます。

・山形県米沢市では、米沢牛等の畜産業で発生する家畜排せつ物や米沢鯉の調理残渣で生産された堆肥を活用した土づくりを推進し、有機農産物の産地化並びに地域循環型農業の推進を図るとしています。
・山口県長門市は、ブロイラーについては全国でも数少ない養鶏専門農協があり、県内の出荷羽数の約8割を占めるなど、畜産業が盛んな地域で、古くからその家畜糞を有機資源として農業生産に有効に活用する地域資源活用体制が構築されており、山口県内屈指の「耕畜連携農業」や「資源循環型農業」の先進地となっています。
・島根県浜田市は野菜の残渣や廃棄魚などを地域資源として捉え、これらを活用した有機質堆肥を作成し、市内の生産者に活用してもらうことで地域内でのエネルギー循環を作り、生産コストの抑制につなげるとしています。
・山形県川西町では、作物（枝豆）残渣の堆肥化による地域循環型農業の推進を掲げています。
・長野県飯田市では、「地域循環型農業推進方針」を策定し、左図のようなイメージで取り組んでいます。
・その他、長野県辰野町、静岡県藤枝市、兵庫県丹波市、兵庫県養父市、島根県大田市、徳島県小松島市などの計画に、循環型農業に関わる記載が見られます。

⑤ 土壌改良支援

兵庫県丹波市では、有機畑作物の生産拡大に向け、緑肥※を用いた土壌改良の取り組みを支援することを計画で掲げています。

（※緑肥とは、主に収穫せずに田畑にすき込むために栽培する作物です。作物（有機物）を土壌に補給することで、土壌の団粒化や根伸長による下層土の硬度、透水性の改善等により土づくりに役立ちます。）（出所：丹波市）

⑥ 生物多様性を守るための取り組み

絶滅危惧種などを抱える地域では、そうした生物との共存を図るため、有機農業を強力に推進している自治体があります。

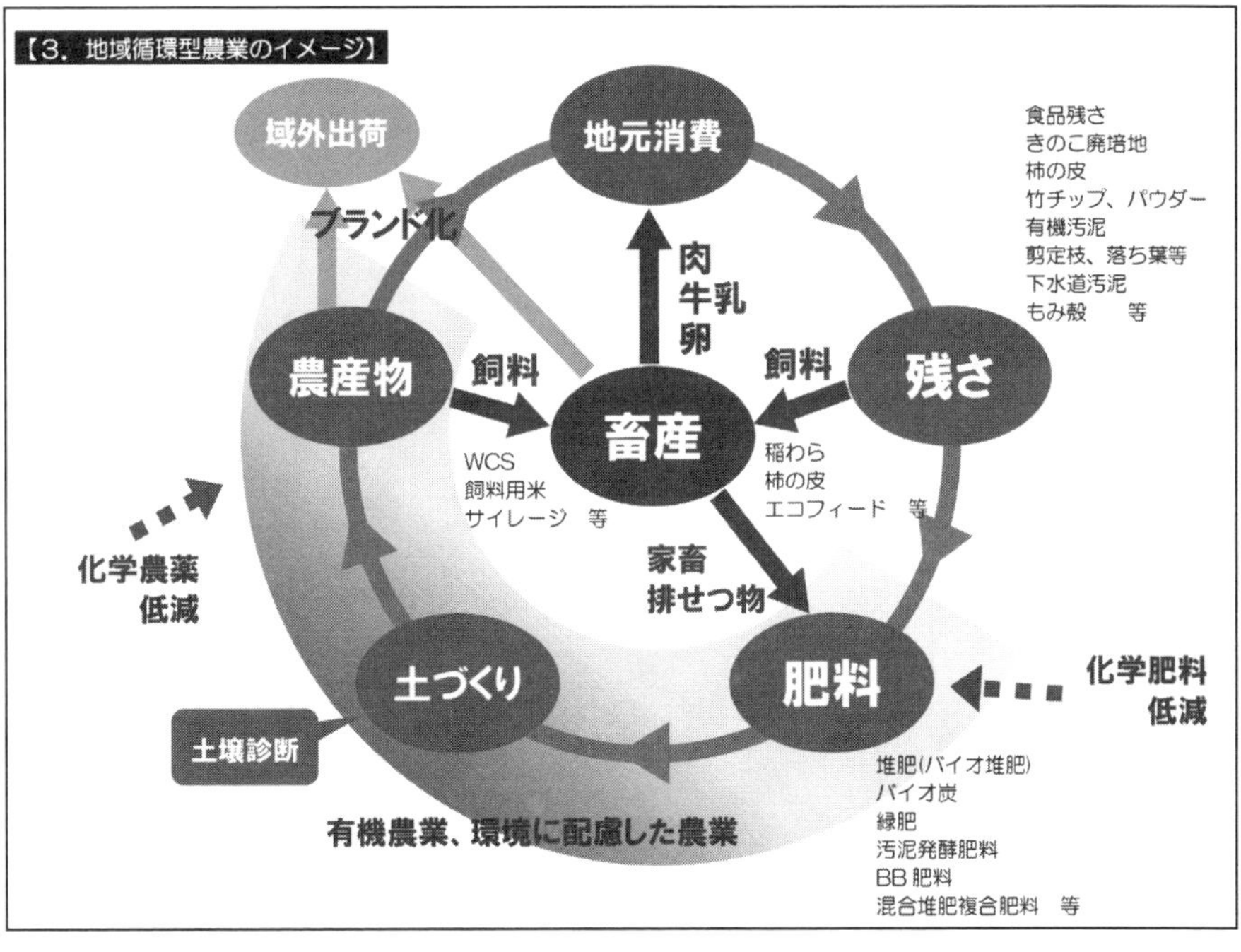

図表4：飯田市の地域循環型農業のイメージ　（出所：飯田市）

・豊岡市では水稲作について、2005年のコウノトリ野生復帰（野外放鳥）に向けて、環境創造型農業を推進することとし、生物多様性に配慮した「コウノトリ育む農法」を、兵庫県、JAたじまとともに確立しました。
当該農法では、無農薬栽培タイプ（無化学肥料・無農薬＝国際水準の有機農業）と減農薬タイプ（無化学肥料・農薬 75%減）があり、作付面積は0・7haから始まり 2021年度は453ha までに広がっているものの、無農薬タイプの作付け比率は約1／3に留まっているそうです。
・新潟県佐渡市では、水稲における「トキと暮らす郷」認証制度の取組みにより、市内の水稲耕作面積の5130ha（令和3年主食用面積）のうち約89%にあたる4575haが特別栽培農産物（5割減）等生産面積となっており、全島的に農薬や化学肥料の低減による水稲栽培が行われています。
・栃木県市貝町では、渡り鳥であるサシバとの共生を図るために、平成31年に「サシバの里づくり基本構想」を策定し、減農薬・減化学肥料栽培、有機農業を推奨してきました。

⑦ 人材の育成

どのような分野でも、人材育成は事業成功の要です。生産者の育成については、全国的に県レベルの農業学校と連携する場合と、独自に自治体のスクールを開講するようなケースが見受けられます。
・山形県鶴岡市では、市立農業経営者育成学校「SEADS」による人材育成を掲げ、カリキュラムに有機農業を取り入れ、慣行や特栽から有機栽培への転換が期待される新規就農者の育成を図るとしています。

・兵庫県養父市の「おおや有機農業の学校」は2011年4月に開校。有機農業の第一人者である保田茂氏や西村いつき氏等の講義を座学や農地で学ぶもので、令和4年3月末で延べ439人の卒業生を輩出しているとのことです。
・島根県大田市では、有機専攻がある「県立農林大学校」とスマート農業技術を活用した有機栽培の取り組みについて情報共有を行い、教育機関との連携により有機農業に取り組む生産者の育成を進めるとしています。
・掛川市ではマーケティング人材の育成を掲げています。有機農業生産者と販売者をつなぎ、「掛川オーガニックビレッジの農産物」の販売活動ができるマーケティング人材の育成と仕組みづくりを行うとしています。

最後に、2024年2月に開講したばかりで、私も開講日に視察をさせていただいた、亀岡市の「亀岡オーガニック農業スクール」をご紹介したいと思います。

亀岡オーガニック農業スクールで校長を務める中村新氏（株式会社ビオかめおか 代表取締役）は、本スクールの特徴を、①亀岡市を中心に活動することと、②株式会社オーガニックnicoが長年培ってきた「データ活用型有機栽培」にあるとしています。（出所：nicoウェブサイト）

（※「データ活用型有機農業を極め、世界の有機農業をリードし、おいしく健康な農産物を普及させ持続可能な循環型社会を実現する」を理念とし、有機・自然農法による野菜の生産販売、生産技術の開発を行っている京都の企業。）

スクールには3つのコースが用意されており、

ⅰ　新規就農や農業法人での農場長を目指す人向けの「プロ養成コース」

ⅱ　半農半Xで野菜を作り販売をしたい人や有機家庭菜園を楽しみたい人向けの「スタディコース」

ⅲ　慣行農法から有機への転換を検討している、有機農業の知識をつけたい、さらには農業法人や食品関連企業などでの社員教育をしたいという人向けの「オンラインコース」

これら3つのコースを、複合的に運用することで、幅広いニーズに対応する本格的な有機農業者の育成プログラムを提供するとしています。（出所：亀岡オーガニック農業スクール　ウェブサイト）

⑧　独自の認証制度の導入・有機JAS認証取得へ向けた支援

認証制度については有機JAS認証があり、これは「食品・農林水産物の品質・仕様や事業者のサービス・マネジメントなどが規格に適合していることについて、国が認めた第三者機関（JAS認証機関）の審査・認証を受けることで、JASマークを利用することができるしくみ」とされています。（出所：農水省）

しかし、認証の基準が比較的高く、取得にコストもかかることから、その前のステップと位置づけるなどして、独自の認証を設ける自治体もあります。

例えば、大分県佐伯市では、「市民の方に有機農産物を身近に感じていただくこと、学校給食での有機農産物の利用促進、また家庭から有機農業に関心を持っていただく等を目的に」、市独自の認証制度を設けており、以下の3つをそのコンセプトとしています。

ｉ　地域の環境に配慮した栽培を行う

・美しい自然　綺麗な空気や水を守る

・地域に生息する生き物を大切にする

ⅱ　人と人がつながりを大事にする

・制度を通して、農作物を作る人、販売する人、料理をする人、食べる人がつながる

・子ども、若い世代、子育て世代、お年寄りなど世代を越えてつながる

ⅲ　オーガニックシティの実現を目指す

（出所：佐伯市）

また、山形県鶴岡市は、市が全国の市町村で2つしかない有機ＪＡＳの登録認証機関である強みを活かし、認証取得に向けた説明会の開催や、化学肥料を使わない独自認証の鶴岡Ⅰ型、Ⅱ型※を含めたＰＲを行うことによって有機ＪＡＳの認証取得者の拡大を図るとしています。

（※鶴岡Ⅰ型、Ⅱ型：通常の特別栽培より厳しい認証基準により市が独自に認証。無化学肥料かつ節減対象農薬の使用は除草剤のみ1または3成分回数以下としている。）（出所：鶴岡市）

有機ＪＡＳ認証取得の支援については、オーガニックビレッジ宣言自治体の事例ではないですが、群馬県の事例をご紹介します。群馬県では、山本一太知事が様々な現場の有機農家と対話を進めており、2つの取り組みを行っています。

まず、群馬県立農林大学校では、令和6年4月から1年制の社会人コースに「有機農業専攻」を新設しています。この専攻では、有機農業による野菜栽培について、校内有機野菜農場（有機ＪＡＳ認証取得予定）での実習や有機農業に取り組んでいる生産者の下での研修により、実践的な学習を行うとしています。（出所：群馬県立農林大学校）

また、群馬県農政部は、有機農業への理解を深めて普及指導などに生かすことを目的に、ＪＡＳ法に基づく登録認証機

関による有機ＪＡＳ講習会を、全職員が受講するという全国でも珍しい取り組みを進めています。（出所：日本農業新聞２０２３年9月27日）

このように群馬県は精力的に支援を進めており、オーガニックビレッジ宣言自治体と連携をとれば、更なる推進が期待できるものと思われます。

⑨　オーガニックビレッジの再定義、理念の構築

自治体の中には、島根県浜田市のように、市が目指す「オーガニックビレッジ」を定義している自治体があります。浜田市は、「オーガニックビレッジ」を「いかしあうつながり（有機的な関係性）によって浜田市の大地と海、風土をはぐくみ続けるまち」と定義しています。

また、前述の大分県佐伯市は令和2年3月、「オーガニック」をキーワードに、市民が主体となって、持続可能なまちづくりを考え実践していくことを目的として、以下のような「さいきオーガニック憲章」を制定しています。

『さいきオーガニック憲章』
自然環境にやさしい、持続可能なまちを繋ぎ続けるため、ここに『さいきオーガニック憲章』を定めます。
私たち佐伯人は、オーガニックを学び、楽しみながら…
一　水や空がよろこぶことをします

一　森や土がよろこぶことをします
一　心や体がよろこぶことをします
一　いのちがよろこぶことをします
一　みんながつながることをします

（出所：佐伯市）

⑩　テクノロジーの活用支援

序章で見た「みどりの食料システム戦略」には「食料・農林水産業の生産力向上と持続性の両立をイノベーションで実現」という副題がついており、課題解決の手法として、技術のイノベーションを重視しており、それらの領域を明確に定めていることが特徴の一つと書きましたが、有機農業実施計画で、テクノロジーの活用を掲げている自治体はあまり多くない印象を持ちました。

その中でも、島根県大田市は、「ICTを活用した有機水稲栽培の技術向上と技術継承への支援」を掲げ、スマート農業技術を有する企業と連携して、気象、栽培条件が病虫害の発生や収量に与える影響等のデータを蓄積して「スマート栽培」の共同開発を行うことで、データに基づく再現性の高い栽培が実現し、有機水稲栽培に関する知識、技術の普及・向上と技術継承が図られるとしています。

技術革新やその普及・活用はこれからの課題と言えそうです。

2 オーガニックライフスタイルＥＸＰＯ２０２３シンポジウム「地域再生と自治体の目指すまちづくりを語る。未来へ繋ぐもの～地域から始まるリジェネラティブ～」

本節では、オーガニックライフスタイルＥＸＰＯ２０２３のシンポジウム「地域再生と自治体の目指すまちづくりを語る。未来へ繋ぐもの～地域から始まるリジェネラティブ～」に私が参加して、非常に感銘を受けたことから、一般社団法人オーガニックフォーラムジャパンの徳江倫明会長にご無理を申し上げて、事例としての掲載をご承認いただきました。

第一部の３人の市長のご報告はそのまま掲載させていただき、第三部のディスカッションについては市長の方々のご発言を中心に、簡単に要約をさせていただいております。当日、投影されたスライドを掲載しないとわかりにくい点もありますが、是非、ご参考にしていただければと思います。

第一部　3人の市長のご報告（第二部は削除しました）

(1)　渡辺芳邦木更津市長

みなさん、こんにちは。ただいまご紹介をいただきました木更津市長の渡辺でございます。トップバッターということで、15分ほどお時間をいただいて、木更津のPRをさせていただきたいと思います。ここに映っているのが陸から見た木更津の風景なんですが、奥に映っているのがアクアラインです。干潟が映っているのですが、この干潟が特徴になっておりますので、頭に入れていただけるといいかなと思っております。

木更津のご紹介なんですけれども、東京があって、川崎からアクアラインの15㎞を渡ると木更津に着きます。前の写真があったように、そこの着岸地が干潟になっておりまして、これが自然の干潟です。よく見ていただくと、東京湾は、ほぼ埋め立てなんですね。東京から千葉側も、神奈川側も、すべて埋め立てをされておりまして、自然の干潟が残っているのがほぼ木更津だけ。東京湾の9割がこの干潟になっております。当時、埋め立ての運動が進んでいったんですけれども、地元の方が抵抗・反対をして、その埋め立てが実現できなかったということでございます。今となっては木更津だけではなくて、東京の皆様にとっても、大変な財産だと思っておりますので、しっかりとつないでいきたいと思っております。

位置的には、羽田空港まで、着岸地から行くと20分で着いてしまう。都心についても、車で40分、50分で来れます。成田空港にも近いということで、利便性はかなりいい場所になっております。下の写真が東京湾アクアライン、また、駅周辺の市街地。そして右側にありますのが、オーガニックでつくっておりますブルーベリーです。

こんなざっとした特徴があるんですけれども、この写真はオーガニック・フェスティバル。今年で8年目になります。去年はコロナが明ける前だったんですけれども、登録制で2万人ぐらいの方に来ていただいて、ナチュラル系のマーケットが１００店舗。あとは自治体を含めていろいろな団体が自分たちの活動をＰＲする場にもなっておりまして、本当に多くの方に来ていただきました。

竹でつくったジャングルジムのようなものであったり、ブランコがあったり、子どもが芝生の上で楽しく遊んでいる風景が見られる、そんなイベントでございます。

26年前にアクアラインが開通しました。当時、木更津市は都市化に向けて進んでおりまして、「アクアラインができるぞ、もっと人口が増えてすばらしい都市になるんだ」というところで進んできたんですけれども、実際アクアラインが開通した後は、よくストロー効果と言われますように、都内に全部吸い取られてしまう、そんな状況にありました。

私が市長になったのが10年前なんですけれども、その中でも人口が増えてきて、移り住む方の中で、オーガニックであったり、農業であったり、そんなところに興味を深く持っている方々が少しずつ集まって来て、いろいろな方のお話を聞く中で、都市化ではないなと。もっともっと東京湾の中で、役割を持つには、オーガニックなど、そういう部分が必要なんだろうという議論の中で、オーガニックシティ宣言をしたのが２０１６年でございました。

ＳＤＧｓが２０１５年。翌年にオーガニックなまちづくりを推進する条例をつくって、オーガニックシティ宣言をさせていただきました。当時、皆さんになかなか伝わらなかったのですが、多くの方にご理解をいただいて、少しずつ進んできて、いま、お米を中心に有機農業が進んでいる状況でございます。これから有機農業についてのご紹介をさせていただきたいと思います。

一番左が令和元年です。6・8ha。実際に給食に向けてのお米づくりがここから始まりました。その前も株式会社耕すの木更津農場、皆さん、「クルックフィールズ」でご存知だと思うんですけれども、クルックフィールズが12～13年前から野菜づくりをしていたんですが、ほぼ、そこだけだったんですね。そこに、私ども行政も関わりながら、米づくりが始まって、有機的圃場も含めた面積なんですが、いま41・4haになっています。

その中を少しご紹介させていただきたいと思います。まず有機ブルーベリーですね。木更津のブルーベリーはとても甘いです。12園が「木更津市観光ブルーベリー園協議会」というものを組織しているんですけれども、グループ認証で8園が参加をして、いま、おいしいブルーベリーをつくっていただいています。一番おいしいのが8月なんですね。8月、園の皆様が楽しみに、受け入れようとするんですけれども、暑すぎて、お客さんがなかなか集まってこないんですね（笑）。来たお客さんについては、子どもたちがその場で摘み取りをして、本当に喜んでいただいております。ジャムやジュースなど、色々な商品に関わってくる中で、一つのブルーベリー園では、農福連携の中で活動をしていて、（農福連携のトップランナーとして）「ノウフク・アワード」もいただいているという状況です。

次が有機れんこん。昔は木更津の駅の周辺がみんなれんこん畑だったんですね。ほぼ市街地になってしまって、れんこんをやられる方も少なくなってきた中で、地元の企業があらためて農業生産法人を立ち上げて、蓮田の再生に取り組んでいただいてるところです。

認証をとったのは令和2年なんですけれども、現在では2・1ha、3・6トンをつくっていただいております。これから大田市場への出荷も検討しておりますし、この有機れんこんを使ったさまざまなメニューが開発され始めております。

続いて、有機パッションフルーツ。同じく、認証をとったのは令和2年です。0・9haで年間1・0トンのパッションフルーツをつくっていただいておりますけれども、単価としては慣行栽培の2割増しで売れているということでありますし、今後はサトイモにもチャレンジをしていくということを伺っております。

続いて、お米です。オーガニックなまちづくりがスタートして、いま第2期のアクションプランを進めているところなんですが、そのリーディングプロジェクトがこの給食米のオーガニック化でございます。１００％に向けていま進んでいるところなんですけれども、有機認証圃場が３・９ha、有機的管理圃場が16・１haということで、学校給食につきましては、昨年は71日間提供で、達成率53％というところまできました。

商標登録として、「きさらづ学校給食米」という名前をつけさせていただいて、市民の皆様にも少しずつ提供できるように販売体制をいまつくっているところでございます。

これが有機米の学校給食への提供の推移なんですけれども、当初は、初年度が３日間。翌年度は16日間ということで進んできたんですけれども、昨年度が71日間。今年は96日間を目指して、これから刈り取りという形になります。来年、再来年あたりに１００％になるかなというところでございます。本当に色々な生産者に助けられておりますので、なんとか１００％を再来年には達成できるのではないかなと思っています。

その先にも、地元の方々に多く使っていただくこと。また、色々な地域の方々にも購入をしていただいて、広げていきたいと思っておりますけれども、いま、市で購入している、買い上げている単価が１俵2万円になっています。有機認証をとっていただいたところについては、いま検討中なんですけれども、多少上乗せをして買い上げていこうと、いま考えているところでございます。

そして、先ほどもご紹介をさせていただいた、「株式会社耕す」の木更津農場では、13年前から野菜を生産して、いまでは約８haが有機認証圃場になっておりまして、にんじん、タマネギ、レタス等、露地野菜が中心になっています。年間約56トン。本当にここの存在が木更津にとって大きくてですね、この農場だけではなく、小林武史さんという音楽プロデューサーの思いの元、草間彌生さんのアートがあったり、水牛がいたり、食とアートのテーマパークというような形で人気のある施設となっております。にんじんジュースもだいぶ高く買ってくださる消費者も多くてですね、1本あたりの利益が21円から47円になったという風に伺っております。

そして、公設地方卸売市場が木更津にもあるんですけれども、ここでは新しい取り組みとして、有機ＪＡＳの小分け事業の認証をとって、これから大田市場にもご協力いただいて、地元の方々に多く生産をしていただくこと、そしてその商品を外に出していくという努力をこれからしていただく、そんな段階であります。

もう一方で、有機ＪＡＳ認証をとっていただいているレストランがありまして、現在は1店舗になっておりますけれども、数年前は3店舗あって、なかなか売上に結び付かないというところもあって、難しいところなんですけれども、これからさらに、このオーガニックブランドを育てていきたいと思っております。

そして、地元の生産物ではないんですけれども、左側にありますのが、オーガニックのクラフトビールです。右側の下にあるのが有機燻製のオリーブオイル。上がオーガニックのワインです。これはヨルダンワインなんですけれども。それぞれこういった商材を扱っているお店もでき始めています。このビールは美味しくて、それぞれの商品が木更津市のブースで販売されておりますので、是非、お立ち寄りいただきたいと思っております。

最後ですけれども、私ども昨年度から有機米のプロジェクトを中心に「オーガニックビレッジ宣言」をさせていただきました。今後もしっかり進めていきたいと思っておりますので、是非、ご理解、またご指導を、また後ほどブースの方にお立ち寄りいただければと思っております。ご清聴、ありがとうございました。

(2) 桂川孝裕亀岡市長

みなさん、こんにちは。京都府亀岡市長の桂川でございます。今日は亀岡市がこれまで取り組んできた、オーガニックに関わります取り組みでありますが、亀岡市はオーガニックという農業だけでは無しに、行政全般にわたって環境先進都市を目指すという取り組みを進めてきております。その中の一つとして、農業ではオーガニックを推進しているということで、その点について、少しご報告をしたいと思います。

亀岡市の概要、そして、これまでの取り組み、これからの取り組み、ということでございます。

実は亀岡市は京都から電車の快速で20分の地にありまして、ちょうど嵐山の山を越えた奥でございます。これは丹波の霧でございますが、秋から春にかけて、多く霧が発生します。実はこの霧が日本一と言われる丹波の農産物や、亀岡市は京野菜の多くを生産しておりますが、そのような取り組みにつながっていると思っております。

そして、亀岡市は三大観光としてトロッコ列車、湯の花温泉、そして保津川下りという観光があり、年間３４４万人（令和元年度）近い観光客に訪れていただいているところでございます。

今回、亀岡市が取り組む、オーガニックビレッジ宣言の中心的な場所、これがサンガスタジアムの向こうに広がっております、京都・亀岡保津川公園。ここを令和8年にオーガニックビレッジパークとして、オーガニックの拠点として、オープンする予定にしているところでございます。

亀岡市は大変、風光明媚な地でございまして自然豊かでございますが、その中でも京野菜の多くを生産しております。特に千枚漬けの聖護院かぶは１００%。また、賀茂なすですと6割を生産しているという、一大農業の地域でございます。

そして、農業でございますが、実は専業農家はそんなに多くはなく、やはり兼業農家が多いという状況でございまして、まだまだオーガニックの農地というのは、広がっていないのが事実であります。ただ、確実に言えることは、いまここ10年ぐらいで70名を超える新規就農者が亀岡に来ていただておりますが、多くはオーガニックで農業をやりたいということでの取り組みを希望されて、亀岡に移住をして農業を始めているという状況にあります。

特にその中でも野菜とお米が主でありまして、あとは丹波地鶏を含めた地鶏関係ですとか、亀岡牛というブランド牛をもっているところでございます。

そしてこのグラフは、亀岡市の農業従事者の状況でありまして、専業農家は1割もなく、本当に5～6％。そして、兼業農家。副業として農業をやっている方が多いという状況で、多くはお米を、水稲をつくっているという状況にあります。

そして、農業経営体も残念ながら高齢化しているという状況にありまして、今後の課題であると思っています。そんな中、移住者の中には20代で、また30代でオーガニックの農業をしたいということで、亀岡を訪れている人が増えてきたという状況でございます。

次に、今までの亀岡市の取り組みについてご報告申し上げたいと思いますが、実は亀岡市が世界に誇れる環境先進都市を目指すという取り組みのはじめは何かというと、年間150万人が訪れるトロッコ列車や保津川下り。その保津川が近代化の流れによって、本当にゴミで汚染されるようになってきたということが発端であります。

はじめは保津川遊船の方々や、NPOの方々の協力によって、人の手によってそのゴミを取り除いていましたが、どうしてもそれが追い付かない状況にある。特に大雨が降れば上流から、特にレジ袋に入ったゴミが大変多い。これは、ゴミの調査でわかったことでありますが、そんなことから亀岡市は「プラスチックごみゼロ宣言」をして、制度を変えることによって、ふるさとの川、保津川を守っていこうという取り組みを始めたというのが、実は環境先進都市への入り口であります。

そして、今ではレジ袋の提供禁止条例を２０２０年3月にすべての議員の賛同によって条例を制定し、２０２１年1月からそれを施行したところであります。亀岡市内ではコンビニも、そしてスーパーマーケットも、プラスチック製のレジ袋を提供しない、レジ袋が必要な人は、紙袋を買っていただくということになっているところでございます。

ユニクロやマクドナルドは、実はこの亀岡からレジ袋をなくして、全国に取り組みを広げてきたという状況にあります。

その他、市内のカフェやレストランではこのような「リバーフレンドリーレストラン」という認証をとっていただきながら、そこでカトラリー、いうなれば、スプーンやお箸も含めて、なるべく使い捨てをしない取り組みや、また、ペットボトルをなくすために、今日も私は持ってきましたが、マイボトルを推奨しておりまして、亀岡市内の公共施設や各地域、駅も含めてボトル対応のウォーターサーバーを置いて、水を自由に飲んでいただける取り組みを進めています。「リバーフレンドリーレストラン」では、水を無償で、ボトルを持っていけば提供してもらえるような取り組みを行っておりますし、なるべく容器をリサイクルする取り組みを進めています。２０２３年の8月11日には保津川市民花火大会を実施し、10万人以上の方に訪れていただきましたが、その花火大会の屋台では、リユース食器を使った取り組みにして、多くのゴミを削減することができました。

その他、日頃健康のために歩く方が多いわけですが、週に1回、月に2～3回、ゴミを拾っていただくような方を「エコ・ウォーカー」として認証し、いま１８００人を超える市民の方が登録をして取り組んでいただいておりますし、子どもたちが映っていますが、これは、「エコ・ウォーカー・キッズ」ということで、地域の保育所・幼稚園などにそうした取り組みを進めていただいているところであります。

その他、霧の芸術祭とコラボをして、「やおやおや」のようなオーガニックの野菜を販売するような仕組みをつくったり、それを発信するような取り組みを進めてきています。

そのような取り組みをすることによって、亀岡市では色々な意味で、環境に対する意識が高まってきたというのが現状でございます。

74名の新規就農者の中でも、24名が新たに有機農業を実践されておりますし、また亀岡市にはアユモドキという魚がいまして、実は、先ほど申しました、オーガニックビレッジパークをつくるという、14haの農地は、京都サンガのスタジアムをつくるための用地として亀岡市が買い求めたものでありましたが、隣接するところにアユモドキという魚がいまして、WWF（World Wide for Nature　世界自然保護基金）だとか、日本や世界の環境団体から「スタジアムをつくるな、アユモドキを守れ」と言われた関係で、私が市長になってから、スタジアムの移転をして、新たに3・4haを35億円で、アユモドキを守るために買いまして、スタジアムを移転して、２０２１年にオープンすることができたという状況にあります。

そして、オーガニックへのこれまでの取り組みとして、本当に多くの皆さんに有機栽培に取り組んでいただけるようになってきました。今では、生産者の連携ですとか、保育所・学校給食への有機野菜・有機米の導入を進めてきているところでございます。やっと今年の収穫で20トンほどの有機米が獲れるようになりますので、全量亀岡市が買い上げをして、市内の小学校の給食に活用する予定に致しております。今までは保育所、一部の小学校で実施をしてきたところであります。

亀岡市は1kg８００円でお米を買わせていただいております。30kg2万4千円ということであります。これは生産者を育てていくことを含めた取り組みであります。基本的には学校給食に使うために、必要な時に白米にしていただくことを前提に、30kgあたり2万4千円の金額で買わせていただいておりましたが、今年から農協さんにも協力していただき、生産者からは約30kg、1万8千円で買わせていただき、それを全農に預けていただいて、全農が1年間米の保管をし、その後精米業者が精米をして、炊飯業者が炊飯をして給食に使っていただくということで、トータルで年間30kgあたり6千円の手数料を払うということで、折り合いがつき、スタートすることになったということでございます。

そして、これからの取り組みであります。

これは、農水省のお話にございました、「みどりの食料システム戦略」、これに基づいて亀岡市も積極的な環境にやさしい農業を進めていこう、生物多様性を含めた中での取り組みを進めていこうとしているところでございます。

そして、2023年の2月12日に、「オーガニックビレッジ宣言」を全国で二番目にさせていただき、その取り組みをスタートさせていただいたところでございます。

いま、色々な意味で、亀岡市として、このオーガニックの取り組みを進めていくわけでありますが、特に来年の2月からは新たにオーガニックの学校をつくらせていただき、そこで専門的にオーガニックをやりたい人、また、副業としてオーガニックをやりたい人、その方々を技術面、そしてノウハウを含めてサポートをしていくことといたしました。そして、オーガニックビレッジパークの14haの農地の一部を亀岡市が無償で提供し、そこで実証実験としての有機米を生産していただく予定といたしているところでございます。

そして今後は、亀岡市の独自認証制度をつくり、そしてその後は、有機JASの認定を取っていただくという、二段階の中での取り組みを進めていこうとしております。そして、有機農業の拠点としてのオーガニックビレッジパークの整備を行い、令和8年、2026年に国の全国都市緑化フェアを誘致する予定といたしております。特に、都市緑化フェアと言いますと、国土交通省なんですが、オーガニックビレッジパークのテーマは環境と食農と芸術であります。

亀岡市はこの間、亀岡市内には多くの世界的に著名な芸術家がたくさんおいででありまして、その人たちのネットワークをつくり、霧の芸術祭をやっておりますので、その霧の芸術祭とオーガニックビレッジパークでの取り組みを入れながら、食農、そして環境に取り組んでいく予定で、特にオーガニックビレッジパークはグリーンインフラ公園として整備をする予定です。

このような取り組みをしながら、「子どもファースト宣言」を2022年の8月22日に実施をしたところでございますけれども、これは、一つは子どもたちにしっかり食育を学んでいただくためのオーガニック給食を実施するということでございます。2023年の9月1日からは18歳までの子どもの医療費の無償化をさせていただきましたし、保育園・幼稚園のおむつはすべて亀岡市が提供し、そのおむつを亀岡市が回収して、それをマテリアルで再生・整備をして、資源として活用していく予定と致しております。事業者は決まったわけでございますが、これがうまくいけば、市内の高齢者施設のすべてのおむつを亀岡市がすべて回収をし、それを紙やプラスチックに分けて再生資源として、サーキュラーエコノミーの取り組みを進めていく予定と致しております。

そんな取り組みをしながら子どもたちを応援するとともに、小学校給食、目指すは60トンで1年間を通じてすべての子どもたちに提供できるようにいま、取り組んでいるところでございます。2023年は20トンですから、あと3年ほどはかかるのだろうと思いますが、そういったことに力を入れております。

その他、民間企業のソフトバンクさんと連携し、すべての小学校に「ペッパー」を配置して、環境学習や英語学習に取り組んでやっています。

オーガニック市場や、これからインバウンドの方にもお越しいただけると思いますが、インバウンドの傾向に関する勉強会等も開催していきたいと考えています。また市内でマーケットの取り組みも進めて参ります。

その他、若い農業者を応援するために、農機具のシェアリングサービスを行っておりまして、これは何かというと、農家の方は、1時間1980円の料金を出せば、燃料もメンテナンスもすべて込みで農機具を使うことができるということであります。

農家の方でしたら、夏は朝3時頃から畑を耕されたりしますから、自分の好きな時間帯にそれを予約して借りることができるという取り組みを始めています。有機農業参入のハードルの引き下げをするために色々な補助制度、特に有機JAS認証を取得するための補助もしておりますし、市営の土づくりセンターで堆肥をつくって提供するような取り組みも委託しております。この4月からは剪定枝や落ち葉を、各家庭から分別収集して、それを有機堆肥に変えていくような取り組みも始めているところでありますが、たくさん集まりすぎて、一部が今の段階では有機にできないということでありますが、これからそういうものもしっかりとつくっていきたいと思っております。

そして生分解性マルチ、これはカネカさんですとか、上場企業さんと協定を結びながらより環境にやさしい農業を進めているところでございます。

最後でございますが、亀岡駅の北側に新しいスタジアムをつくらせていただき、そして2026年にはオーガニックビレッジパークを、駅から歩いて2分もかからない場所に、14haの農地を亀岡市が有しておりますので、アユモドキのサンクチュアリとしてのビオトープをつくり、そしてオーガニックの市民農園をつくって、そこにはいくつものクラインガルテン※のような週末農業ができる拠点をつくりながら、交流ができるような取り組み、その拠点で週末パーティーをしたり、ギャラリーを楽しめたり、交流ができる宿泊施設になるような取り組みを進めていきたいと考えております。また、そのようなことをしながら、これからオーガニックのマーケット、そして亀岡の食文化を活かすようなイベントもこの秋から実施をしていくように致しているところでございます。

(※ドイツ語で「小さな庭」を意味する農地や菜園の賃貸制度のこと。日本では主に会員制の滞在型市民農園を意味する。)

新規就農者向けの有機農業学校の募集を行い、進んでいくことになります。このような取り組みをしながら亀岡市としては、環境先進都市を目指す中での一つとして、農業においてはオーガニックビレッジパークをつくりながら、宣言をして、しっかりとした未来への形、そして子どもたちへ食文化を育んでいくような取り組みを進めて参りたいと考えているところでございます。以上で亀岡市の発表を終わらせていただきます。ご清聴、ありがとうございました。

(3) 酒井隆明丹波篠山市長

みなさん、こんにちは。兵庫県の丹波篠山市です。私の方はオーガニックについては、まだ取り組みを始めたばかりで、これからどうしていけばよいのか、というところで、先ほどから木更津市、亀岡市におかれましては、大変優れた取り組みを進めておられますので、参考になりますし、またご指導をいただければと思います。ただ、私のまちはこれまでから、農業、農地を大切にしながら、農業・農村づくりにおきまして環境を大事にした取り組みを進めてきました。それをさらにオーガニックの方に進めていきたいと思いますので、そこを中心にお話をさせていただきます。

丹波篠山と言えば、みなさんに一番知っていただいているのが、丹波の黒豆だと思います。これが収穫の時の写真です。簡単に動画をまとめておりますのでまず観てください。（動画の内容は割愛）これだけのものでした（笑）。大層な動画ではなかったんですが、失礼いたしました。

まず丹波篠山がどこにあるかなんですが、先ほどの亀岡市と大変近いところにあるんです。丹波篠山というと山奥のどこかというイメージが強いんですけれども、大阪、神戸、京都から50㎞。電車で約1時間の距離にあります。これはまちの中心を上から見た写真なんですけれども、お城があって、街並みが広がって、市内には260の集落。うち230が農業を営んでいます。美しいまちで、「小京都」などとも言われ、農村の原風景が残されています。

素晴らしいのは、お城があって、街並みがあって、またその周辺に農地があって、里山があるんです。大概、城下町はみんな農地がなくなってしまっています。この春に全国で行ってみたい城下町というようなTV番組がありました。なんと丹波篠山は全国2位。ご存知でしたでしょうか。そうしたTVの放送もしていただきました。

これは先ほどの動画にあった（篠山城跡）。これは河原町という大変美しい歴史的な街並み（城下町）があります。電柱をなくしました。こういう京都の祇園祭、京都の文化の影響を受けていて（波々伯部神社祭礼）、田んぼの中を走るというのがいいんです。

また、デカンショ節という唄がありまして、デンカショで唄われた姿がいまも引き継がれているまちということで、文化庁の日本遺産の認定を一番最初に受けました。

それから丹波焼という焼き物の里でもあります。なんといいましても丹波篠山は農産物、特産物が豊かであるということから、皆さんにそうしたよいイメージをもっていただいておりまして、左上が黒豆の枝豆。10月になると大変人気があります。右上が黒豆お米、大納言小豆。左下がぼたん鍋。ぼたん鍋はご存知ですね。猪の肉なんです。

丹波篠山の一番の理念、基本的なところなんですけれども、昭和63年といいますから、35年前に「丹波の森宣言」というのをしました。「丹波の森」というのは山の森だけではなくて、山も森も川も里も、みんなを「森」と位置付けて、その中で人と自然と文化が共生する地域をつくりましょうと。

当時の貝原兵庫県知事、それから丹波篠山が生んだ、世界のサル博士、河合雅雄先生が一緒になって提唱いただいて。35年前ですから、世の中はどちらかというと、開発するという方向だったのが、当時からこういった理念を出されたのは、地方創生の先駆け的な考え方であると言っていただいております。

その中で丹波篠山市もこういう魅力を生かすまちづくりに努めてきました。一番が農業。平成21年に農都宣言をしています。農業の都（みやこ）。やはりどこの農村もなかなか農業がきびしくて、しんどくて、「かなわんなー」という時、今もそうなんですけれども。「いやいや、まちの中心は農業なんですよ」ということと、「丹波篠山は日本の農業の中心になるんだ」というぐらいの意気込みを込めて、平成21年に「農都宣言」をしました。私も勇気が出てきて、それから以降、みんなが意識をもつようになったので、よかったと思っています。

ふるさとの川・水路・森づくり。それから景観・土地利用なども農業、農村地風景を大事にするといったことで取り組んできています。あと、自然や文化を大事にしていくと。

これが「農都宣言」です。

それから、平成26年には「農都創造条例」というのをつくりまして、中核を担う農業者とともに、多様な農業者を確保していくということ。特産物の安定的な生産、品質の向上。それから、自然環境と生物多様性に配慮した環境保全型農業と農村づくり。こういったことを当時、条例に入れています。

こういった取り組みを進めたこともありまして、農林水産大臣から表彰していただいたことがあります。まず平成30年には、獣害対策で大臣賞をいただきました。これはサル対策。ほとんどの全国のサル対策は、失礼ながら、出てきたら獲るという対策なんですが、私たちのところは、サルの群れと数を守りながら、増え過ぎたら除去したり追いやったり、電気柵を設置したり。こういったことで大臣賞をいただいております。

それから、令和3年には、丹波篠山黒大豆栽培が、日本の農業遺産に認定をしていただきました。これは300年続いた黒豆の栽培。いまも多くの農家が黒豆を栽培して、市民が誇りをもっているということに加えて、農業生物多様性というのですが、畑につながる水路に生態系が残されている。それから右の下は、みなさんのところにありますでしょうか?「灰小屋」といって、有機農業につながるんですけれども、ここで草と木を燃やして灰にして、それを肥料にして使っていて、今はあまり使われなくなったのですが、まだこうした灰小屋がたくさん残っているんです。こうした風景も含めて、評価をしていただきました。

それから、私のところでは有機の取り組みはまだなんですが、「農都のめぐみ米」というもののつくり方に数年前から取り組んできました。これは農薬・化学肥料を通常の基準の半分以下におさえると。これぐらいであれば、普通の農家もなんとか頑張ってもらえるだろうと。

それから中干しの時におたまじゃくしなど、田んぼの中の生態系に配慮していくと。あるいは、代かきの時に汚れた水が下流にいかないように配慮をする。こういったつくり方で、これぐらいなら、普通の農家にも頑張ってやっていただけるだろうということで、取り組みました。

今では、市内のお米の約4分の1が「農都のめぐみ米」のつくり方をしていただけるようになりました。このようにつくったからといって高く売れるわけではなくて、農協は同じ価格でしか買ってくれないという大きな問題があるんですけれども。

なぜ進んだかというと、今までもお話がありました、子どもたちの学校給食に使いますということです。そうすると農家の方が子どもたちのためならば、いいつくり方をしようということで協力をしてくれまして。今では学校給食に使うお米の全量が、このめぐみ米を使うことができています。

それから次に農村の環境なんですが、これは水路に落ちたカエルなんです。このカエルはどのようにしたら生き延びられますか?これは全国各地でこのようになってしまっていると思います。要は水路などが生態系にまったく配慮されていないので、ここに落ちたカエルはもう、流されていくしかないという、そういう運命にあります。カエルの中でも吸盤のあるカエルは残っていけるのですけれども、普通のカエルはそうではなくて、こういうのをどうすればいいかということで、私たちは考えたんです。

「農都のまほろば水路」と言いまして、斜面をつけてコンクリートに穴を空けたりしましたら、いくらか自然の環境が残りますし、農家のみなさんの環境が崩れてしまうわけではないので、こういったものをつくって、いま普及に努めているところでございます。これを見た神戸市が「これは素晴らしい」と言って、神戸市の担当者がこの4月から、丹波篠山市に来られています。

こういった取り組みをしていた中で、先ほどの「みどりの食料システム戦略」が出まして、さてどうするか、丹波篠山に是非やったらどうかという話がありまして検討したんですけれども、その結果（令和5年）4月に「オーガニックビレッジ宣言」をいたしました。

宣言をするまでの状況なんですが、市内にも丹南町有機農業実践会とか、丹波篠山自然派が長い歴史の中で、有機農業に取り組んでおられます。ただ、その数は市内全部合わせても50ぐらいなもので、ごく一部の方が取り組んでいるに過ぎなかったんですが、やはり一番変わったのは、大規模農家、中心的な担い手のみなさんに、「オーガニックに取り組もう」と言っていただいたということ。それから新規の就農者の皆さんの中に有機で頑張りたいという方が多かったこと。「これならいけるのではないか」ということで、この宣言をいたしました。

今までの有機農家の実態なんですけれども、例えば（吉良農園の）吉良さんという方がいらっしゃいます。この方は堆肥をつくって、お米をつくって、学校給食だとか、また料理店などに話をして信頼関係を築いて、よいものとして売られて、生態系とか、山との一体性だとか、本当に広い観点から農業をやっていただいております。

それから、「集落丸山」というところがあるんですけれども、これは古民家を使って、そこをレストランや宿泊施設にするんですけれども、その時に近くの田んぼで有機米をつくってお客さんに提供するという、こういったことをしています。

それから、新しい就農者の方の例なんですけれども、株式会社やがての黒瀬さん。農業が難しくなった集落に入って、黒豆の栽培をして、全体をこのような「丹波篠山リアルテラリウム構想」、一つの美しい生態系をつくろうという、このように志高い取り組みをしていただいております。

こうしたいくつかの例はあるのですけれども、その中で、有機農業実施計画まではつくることができたんです。これは自然を守るような農業、多様な農家がそれぞれの農業の立場でできることをやっていく。特に黒豆の栽培技術を確立していこうとするものです。

ところがまだ、なかなか一般の普通の農家にこれをどのように広げていくかが大きな課題となっておりまして、なぜ、農薬や化学肥料を減らすのか、これを農家の方に説明するのが難しいんですね。「今まで、私たちは間違っていたんですか?」「間違っていたんです」と言うわけにもいかず、有機農業が環境にいいんです、健康にいいんです、儲かるんです、と言ってもなかなか難しい。これをどのようにきちんと説明できるかということを思案しています。

それから、どのようにしたら、有機農業に取り組みやすくできるかということで、土づくり、除草、農薬は一切駄目なのか、ということについていま検討して、何かしらを示して、進めていきたいと考えております。

それから、「みどりの食料システム戦略」が実現すると、25%が有機で残りは慣行農業になるのですから、有機農業と慣行農家の併存は?という疑問点をもっておりまして、私が勝手に考えている考え方は、やはりもう少し、戦後の化学肥料・農薬に頼ってきたものを、もう一度原点に戻って、今までは農業と自然環境というのが相反するもののようになってきていましたが、それを一つのものにしていくという方向ではないかと思っています。

これが目標なんですけれども、有機農業や環境に配慮された農業が息づいて、自然との関係を保ちながら、そこに多様な担い手が、農村に住み続けると。こういったことを目指していくべきではないかと思っています。

最後に、目指すは美しい農村を未来に引き継いでいくということです。「都市は人間が作り　農村は神が作った」(イギリスの詩人　ウィリアム・クーパーの言葉)。これは「丹波の森宣言」で紹介した(当時の)貝原知事もおっしゃっていた言葉なんですが、農村というのはそういう尊いものである。そういう尊い営みを大事にしていこうということ。その中の大きなものがこの有機農業ではないかと思います。

こういったことで取り組んでいきたいと思いますので、みなさま、またよろしくご指導いただければと思います。ありがとうございました。

第三部　ディスカッションについて（市長発言を中心に抜粋・要約）

①有機米の給食に対して子どもたちからの反響は？
▽渡辺木更津市長
・「おいしい」ということは言ってもらっている
▽桂川亀岡市長
・保育園：森の自然こども園にオーガニックも提供。前は園児が10名をきるような形が、外から集まるように
⇓今では30名を超えるように

②農水省の2050年の有機農業の面積25％目標について
▽渡辺木更津市長
・給食米を中心に。その先にどのように販売を展開できるかが大きなテーマ。
25％が可能かどうかはまだ定まっていないが頑張っていきたい。

③感じたこと
▽桂川亀岡市長
・オーガニックを広めていくためのキーワードは「子ども」「学校」
⇓オーガニック宣言をした93市町村が学校給食に取り組んでいけば、広がっていくだろう

▽徳江倫明オーガニックフォーラムジャパン会長

・オーガニック宣言自治体のうち86％が学校給食にオーガニックを取り入れるとしている。今までは食の安全という色彩が強かったが、地域づくりにつながってきている。関連する移住者も入ってきている。

④事業推進の実態（課題をどう乗り越えてきたのか？）について、これから取り組む自治体にアドバイスを

▽渡辺木更津市長

・8年前、生産者に有機農業といっても、まず大変さが出てしまってなかなか協力してくれそうな雰囲気ではなかった

⇓首都圏の中で我々の役割は何か・我々の売りをどうやってつくっていくかを検討した

⇓オーガニックにすることにあまりにもオーガニックという言葉がわからなすぎて、進まないけれども、逆にわからないから議会でも進んでいった感がある

▽桂川亀岡市長

・マニフェストの中で環境先進都市を目指すということを掲げた

⇓亀岡は自然が豊かで、それらをどう守り、どう生かしていくかが重要だった

⇓スタジアムを作るときにアユモドキという天然記念物の環境が脅かされるという声があり

⇓農薬が大敵で減らしていく必要がある

⇓ここからオーガニックが生まれてきた

⇓これによって生態系が復活してくるだろう

⇓アユモドキが生き生きできる環境は人間にもいい環境だろう
・子どもたちの中にはアレルギーで食べれないものがある人も
⇓子どもたちに安心できる食を提供していくことの重要さを感じる＋食育に力を入れていかないといけない
・先日イタリアのローマの事例をお聞きしたが、すべてオーガニックで自校方式。作り手がいい形で昼食を提供することを心掛けている
・最終的には野菜も地産地消で。ただ、生産者がそこまでに至っていない。点ではなく面に広げていかないと、流通にのらない

▽酒井丹波篠山市長
・農村から人が離れて行ってしまっている中で、農村から都市に目が向けられている
・農村は食糧をつくる工場ではない。人が住み、生き物が住む場所

▽徳江オーガニックフォーラムジャパン会長
・私からすると丹波は日本の有機農業の先進地
日本有機農業研究会が1971年にできて毎年会議を行っている
・森里川海の循環・連携が重要。一つの自治体では成り立たない
⇓自治体が連携して取り組んでいくのが「オーガニックビレッジ」の先にある重要な観点
⇓宮崎県の木城町、高鍋町は首長の友達関係で取り組んでいる

⑤オーガニックを進めると既得権が強く、票がなくなるのではないか。今までの農業を守っていきたい既存の農家が多いのではないか

▽渡辺木更津市長

・農家というより農協。販売・流通の中で農協さんにいていただくということでご理解をいただいた

・農家については買上げの価格を確保すれば可能

▽桂川亀岡市長

・農家から色々反対はあった。害虫が出たり、草が生えたりした時に保証してくれるのかと

⇓有機農業は手を抜いているという印象がある

⇓その意識をどう変えていくか。しっかりアピールしていく必要がある

・市が買い取りすれば農家は協力してくれる

・子育て世帯には喜んでもらっている。安心・安全の米を給食で

▽酒井丹波篠山市長

・抵抗はない

・これからは環境に目を向けなければ逆に支持を得られない

・どのように今までの農家が環境に配慮した農業をやりやすいようにできるか

・一番難しいのは農協。オーガニックの計画をつくる時は農協にも参加してもらったが、積極的には参加してくれない

▽徳江オーガニックフォーラムジャパン会長

・令和6年2月の総会でＪＡも有機農業について何らかの方針を示す予定

・有機農業は韓国の方が進んでいる

⑥なぜこのテーマに取り組むのか？

▽桂川亀岡市長

・環境をどうするかということを考えていた。初めから有機農業をやるというよりかは、ふるさとの保津川を守ろうということでやった。レジ袋禁止条例は日本初

⇓日本フランチャイズ協会に行ったら、「実現は難しいのではないか？」と言われた

⇓逆に闘志がわいた

⇓環境都市協議会（世界に誇れる環境先進都市かめおか協議会）というのをつくった。日本フランチャイズチェーン協会の役員にも入ってもらって議論をした。ハワイや台湾などの先進地に職員を派遣した

⇓当時の小泉大臣に「レジ袋有料化を進めてほしい」と持って行った

⇓国も有料化してくれた

⑦地域の魅力を更に発信する一押し

▽渡辺木更津市長

・令和5年11月3日　オーガニックシティフェスティバル　ナチュラル系の103店舗。令和4年度は約2万人の参加者。参加者は都会にないつながりを求めている

▽桂川亀岡市長

・全国都市緑化フェアを誘致。環境と食農・芸術をテーマに

▽酒井丹波篠山市長

・大阪関西万博がある。それに合わせて丹波篠山国際博をやりたい。

▽徳江オーガニックフォーラムジャパン会長

・令和6年京都でエキスポ（2024年6月28、29日「京都市勧業館みやこめっせオーガニックライフスタイルEXPO」）。日本の有機農業の技術は進んでいる。むしろ海外の人が聞いてくるぐらい。これを知ってほしい。

⑧聴講者へエールを

▽渡辺木更津市長

・木更津の給食米を買ってくれる自治体があれば是非

▽桂川亀岡市長

・自治体のネットワークをつくり、政府へ要望していくことが必用。首長の会ができるといい

第3章

インタビュー

第3章　インタビュー

本章では「オーガニックビレッジ」に関係するキーパーソンにインタビューを行い、それぞれの想いやお考えを深掘りしています。

まず、農水省農産局農業環境対策課長補佐の大山兼広氏には、改めて「オーガニックビレッジ」の制度の狙いや趣旨について確認し、次いで環境を守るために全国でも珍しい「流域連携」の取り組みを進める黒木敏之高鍋町長と半渡英俊木城町長、「オーガニックビレッジ」の先進自治体と目される京都府亀岡市の桂川市長と菱田市議会議長にそれぞれお話を伺いました。

1　オーガニックビレッジ制度の狙い：大山兼広農水省農産局農業環境対策課長補佐

〔書面によるインタビューを実施〕

勝又　「みどりの食料システム戦略」はどういう経緯でできたのでしょうか。

大山　我が国の食料・農林水産業は、大規模自然災害・地球温暖化、生産者の減少等の生産基盤の脆弱化・地域コミュニティの衰退、新型コロナを契機とした生産・消費の変化などの政策課題に直面しており、将来にわたって食料の安定供給を図るためには、災害や温暖化に強く、生産者の減少やポストコロナも見据えた農林水産行政を推進していく必要があります。また、今後、SDGsや環境を重視する国内外の動きが加速していくと見込まれる中、我が国の食料・農林水産業においてもこれらに的確に対応し、持続可能な食料システムを構築することが急務となっています。

このため、農林水産省では、令和3年5月に食料・農林水産業の生産力向上と持続性の両立をイノベーションで実現する「みどりの食料システム戦略」を策定しました。

勝又　「オーガニックビレッジ宣言」の制度の狙いは何でしょうか。また、どのように創出されたのでしょうか。上記戦略との関連性についてもお聞かせください。

大山　「みどりの食料システム戦略」では、有機農業について、2050年までに、耕地面積の25％に相当する100万

haまで取組面積を拡大する意欲的な目標を掲げています。

この目標の達成に向けては、有機農産物等の国内消費の拡大や輸出促進によりマーケットの拡大を進めながら、先進的な農業者や産地の取組の横展開、「個々の農業者の点的な取組から地域ぐるみの取組に発展」させることに加えて、新品種やスマート農業技術など革新的な技術の開発・普及を進めていくこととしています。

市町村主導で生産から消費まで一貫した地域ぐるみの取組を実践する市町村である、いわゆる「オーガニックビレッジ」については、上述の「個々の農業者の点的な取組から地域ぐるみの取組への発展」に向けて進める施策であり、2024年2月末までに43道府県93市町村まで拡大しているところです。

勝又　なぜ、「オーガニックビレッジ」を2025年までに100市町村、2030年までに200市町村創出という目標値にしたのでしょうか?

大山　「みどりの食料システム戦略」では、長期的な目標となる2050年のほか、中期的な目標として2030年の目標を掲げているところであり、2030年目標の達成に向けて、「オーガニックビレッジ」については、全市町村の約1割程度（200市町村）の創出を目指すこととしたところです。

勝又　「オーガニックビレッジ宣言」をしている市町村数の目標値と、「みどりの食料システム戦略」の「耕地面積に占める有機農業の取組面積の割合を25%に拡大」という目標値の整合性についてお聞かせください。

また、自治体の目標数について、200を達成すれば取組面積の割合が25%まで達成できるとお考えであれば、その根拠についてお教えください。

大山　「みどりの食料システム戦略」の目標の達成に向けては、有機農産物等の国内消費の拡大や輸出促進によりマーケットの拡大を進めながら、先進的な農業者や産地の取組の横展開、個々の農業者の点的な取組から地域ぐるみの取組に発展させることに加えて、新品種やスマート農業技術など革新的な技術の開発・普及を進めていくこととしています。

２０５０年目標の達成に向けては、多くの農業者が経営の選択肢の一つとして有機農業に取り組むことができる環境を整えることが重要と考えており、「オーガニックビレッジ」の創出も、その重要な取組の一つと考えています。

勝又　農水省にとって、「オーガニックビレッジ宣言」の取り組みによって目指すところは何でしょうか？

大山　「オーガニックビレッジ」については、全国各地で拡大し、創出開始から2年間で93市町村まで拡大しているところです。

例えば、栽培実証による品目選定や技術の体系化など生産面での取組、共同出荷や配送など流通面での取組、地元企業や高校と連携した加工品の開発、学校給食での利用、生き物調査などの地域住民が有機農業に触れる機会の創出などの消費面での取組といった、生産から消費まで地域に即した多様な取組が展開されています。

農林水産省としては、これらのオーガニックビレッジの取組を通じて、有機農業の面的な拡大を図るとともに、地域の将来ビジョンを見据え、創意工夫により地域振興と有機農業を融合させた先進的なモデルとして、今後、取り組みを検討する市町村の目標となっていただき、「オーガニックビレッジ」の環がさらに拡大していくことを期待しています。

2　流域連携：黒木敏之宮崎県高鍋町長、半渡英俊木城町長

小丸川の上流を有する木城町と下流で海に注ぐ河口をもつ高鍋町。

半渡英俊木城町長と黒木敏之高鍋町長は早くから連携し、有機農業に取り組んできました。

「オーガニックビレッジ宣言」では有機農業実施計画を二町が共同で作成し、推進を図るという全国でも珍しい取り組みを進めています。

そんなお二人に「オーガニックビレッジ宣言」に取り組む思いや連携の狙いなどを聞きました。

〔インタビュー日：令和5年12月25日〕

勝又　木城町と高鍋町は「オーガニックビレッジ宣言」、有機農業実施計画の策定を共同で実施されるという、全国でも珍しい取り組みをされています。まずはじめに、どのような思いで「オーガニックビレッジ宣言」をなされたかに

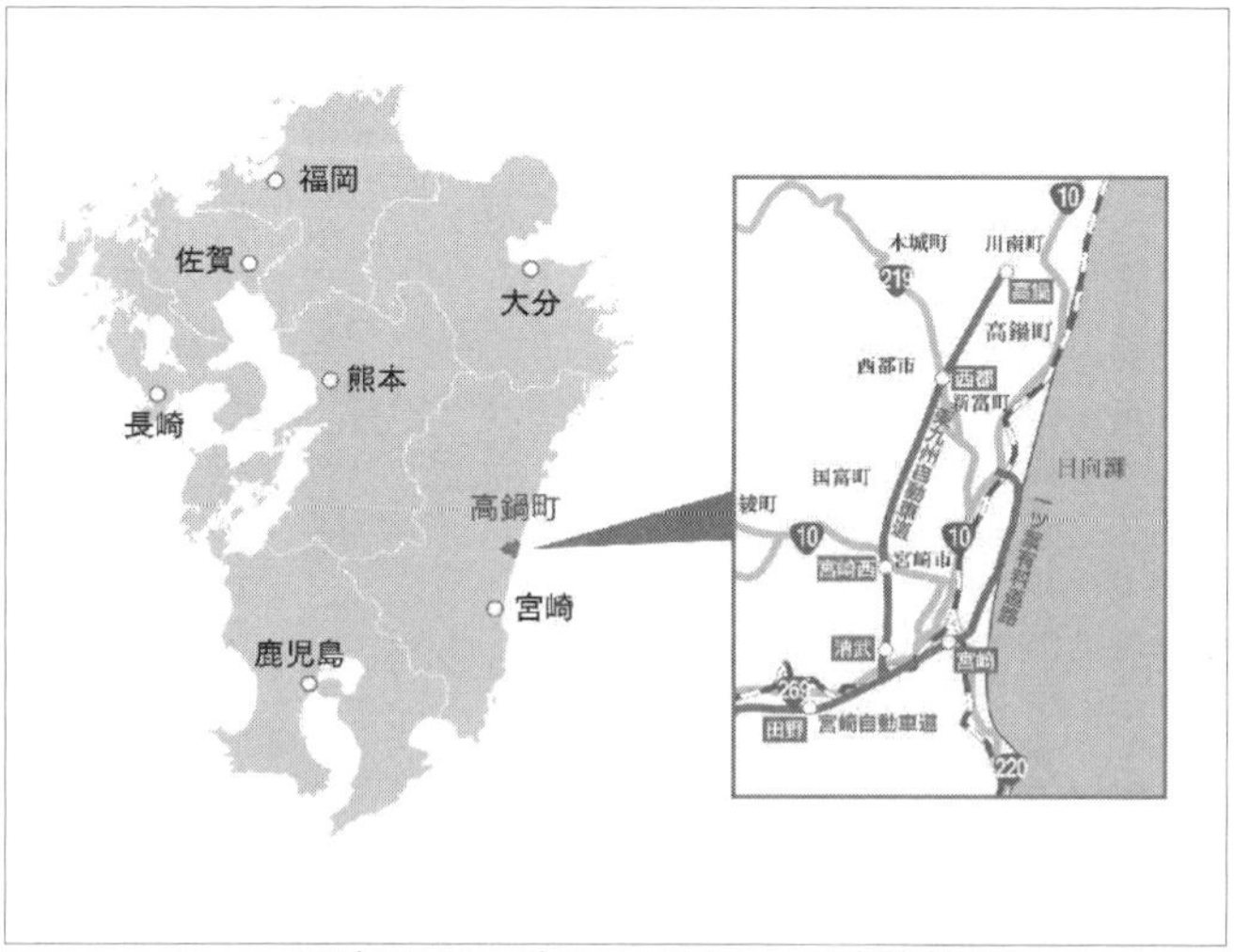

図表5オーガニックビレッジ実施地区

ついてお聞かせください。

黒木　有機農業を行政が支援し、「オーガニックビレッジ宣言」をすることで、「食の安心安全」「ＳＤＧｓ」「脱炭素社会」の実現に取り組む町として積極的にアピールできることは、「農業の付加価値」を高めることにつながり、ひいては町全体の「地域ブランド価値」を高めることになると考えます。「有機農業をやります」と町が宣言して、町民にもご理解をいただき、農家にもご理解をいただき、有機農業の人も、あるいは町民の方々も農業に対して誇りを持てるようになることが重要です。

もう一つは安心安全の時代の流れがあります。ヨーロッパやアメリカではオーガニックが当たり前になってきていて、日本が遅れていると思った方がいいと思います。

半渡　私も同じ思いです。私たちの命を支えているのが農業だと思っているので、しっかりと安心・安全な食を届けてもらいたい。化学肥料や農薬を使う慣行農業から有機が当たり前になるような時代がくるといいと思っています。それへの一つのとっかかりが「オーガニックビレッジ宣言」。宣言をすることで裾野を広げていきたいです。高鍋町と木城町が連携をとることによって、お互いにあるものないものがあるので、うまくやっていけています。

黒木　二つの町は小丸川という川を共有していて、文化圏を形成しています。木城町は自然が豊か。有機農業など、「木城町が取り組んでいる」と言うと、反対が出にくいです。

半渡　森、里、海を川がつなぐ「小丸川文化圏」をキーワードとして、高鍋町と連携してまちづくりなど、いろいろなことをやっていきたいと考えています。

勝又「オーガニックビレッジ宣言」を農水省が進める以前から、二つの町は既にオーガニックに取り組んでいたということですが、有機農業の取組面積を耕地面積の25％にすることが最終的な目標ではなくて、宣言はまちづくりのスタートだと思います。「オーガニックビレッジ宣言」をした後のまちづくり、構想を教えてください。

黒木　有機農家の育成に取り組んでいきますが、オーガニック・タウン高鍋・歴史と文教の城下町というビジョンを掲げています。農業だけでなく、自然を大事にしながら、町民のみなさんが豊かに、幸せに生きることができる。それがオーガニックというふうに捉えています。

勝又　いろいろな地域で文化や、農業、歴史を通してまちづくりが進められてますが、町民がそういう思いを受け止めないといけない。いくら首長さんだけが言っているだけでは進まない。町民とのコミュニケーションをどのように図っていらっしゃいますでしょうか？

黒木　いつも年度方針で言うのですが、日本はＧＤＰがドイツに抜かれて４位になる可能性があると。国際的な研究組織「持続可能な開発ソリューション・ネットワーク」が発表している「World Happiness Report（世界幸福度報告書）」によると、日本の幸福度は54位から47位にはなったのですが、依然として幸福度は低く、幸せを感じられない国。

ではなぜそうなのかというと、豊かさ、幸せの尺度、価値観を変えないと、見失っているものがあるのではないでしょうか。それを取り戻すにはオーガニックな生き方が重要だと思っています。単に一生懸命働くだけではなくて、もう一度、幸せ・豊かさという原点に戻ることが重要なのではないでしょうか。

江戸時代に日本にきたアメリカの外交官ハリスは「こんな幸せそうな国民はいない」と言ったそうです。鎖国の中で農業中心の国ではありましたが、リサイクル、循環型の生活をしていたときに幸福度が高かった。明治維新から富国強兵、経済成長一点張りできて、140年間で約4倍に人口が増えた。3000万人から1億2000万人を超えるまで一気に人口が増えた国は世界中の先進国の中でどこにもないらしいです。ドイツは同じ面積で8300万人程度。でもドイツは平地。日本は山国なのに1億2000万人ぐらい。非常に成長はしたのだけど、見失ってしまったもの、捨ててしまったものがあったのではないか。そんな中で、オーガニックや安心・安全をキーワードとした人の生き方、その方向性が求められているのではないでしょうか。

勝又　日本では人口減少が起こっている状況で、どうやってそれを乗り越えながらオーガニックビレッジをキープしていくのか。隣のまちと協力し合って頑張りましょうというのも一つの解決策だと思いますが、そのあたりはどのように考えていますでしょうか?

半渡　日本の様々な地域で地域活性化に取り組み、頑張っているものの、人口減少だけは、都市部を除いてまったくダメですよね。私たちのまちは町制施行50周年を今年迎えましたが、人口減少は顕著でありまして、奥地の方は限界集落なんですよ。「イキイキ集落」という名前がついているんですが、実際は限界集落。私が町長になって9年目になっていますが、その地域は人口が38名ですよ。これではいけないということで、50周年に次の世代に種を撒くということを一つのキーワードにして、若者・子どもたちの次の50年に残していきたいものを考えて、その一つをオーガニックとからめてやっています。奥地の人口に歯止めをかけるために「まるごと移住ランド」で来てもらい、オーガニックの団地化もそこで図っていこうと。地域全体をオーガニック、昔ながらの循環型農業でやってもらうおうと。有機農業を本気でやりたい人を呼ぶということですね。

黒木　本当にオーガニック・タウンですね。生き方自体がオーガニックということですね。

半渡　去年から取り組んでおりまして、国の財団の補助事業の採択を受けて、令和6年度も採択の内諾をいただいています。二人の町長で話し合って、遅々だけど、進んでいるのは確かなんです。ただ、他の自治体に結構先取りされていることがあるので、もっとスピード感をもってやっていかないといけません。

有機農業推進協議会も限界が見えてきたので、「有機農業サポートセンター」に移行して、そこを全体の推進母体とし、核としてやっていくと。職員も掛け持ちで2年交代でやってきましたが、この体制ではなかなか責任も自覚も足りていないので、しっかりと職員を配置してサポートセンターでやっていくという話をしています。

黒木　学校給食とつなげたり、3か所の売り場づくりをしています。売り先をきちんと見つけていこうと。オーガニックを含めて50億円ぐらい売っている、成功している農業生産法人があります。いま、圃場をもたないかと話をしているところです。人を育てたり、関連する企業を引っ張てくる。あるいは、売り場をつくる、給食とつなげる。3

か所の売り場も計画しています。

それと農産物の加工品をつくろうと。私が社長を務めていた黒木本店※では早くから麦、芋をオーガニックでやっていて、ウイスキーもオーガニック。モルトも自分のところでつくっています。樽は尾鈴山の栗の木と桜。今度新しく出たのは宮崎県の杉樽。全部、土地で循環しているウイスキーづくりです。

(※麦焼酎の銘柄である「百年の孤独」などを発売している、宮崎県高鍋町に本社を置く酒造メーカー)

勝又　江戸時代のまちは「循環型社会」というイメージが強く、藩内の産業も育成したように思えます。

黒木　令和5年、「江戸時代のSDGs」をテーマにシンポジウムをやったんです。講師に法政大学前総長の田中優子先生をお呼びしました。江戸時代のリサイクルのことをお話いただきました。上杉鷹山公がやったこともSDGsでリサイクル。SDGsを実践した殿様と言えます。

勝又　ヨーロッパがSDGsを持ち込んだと思われている人が多いかもしれないけれども、日本の方が江戸時代というはるか前から循環型のやり方をしていたわけですね。

黒木　ウイスキーは今年(令和5年)4年目か5年目です。ジンもつくっていますが、いま世界的にクラフト・ジンが流行っている。ゆずとか、漬け込む植物はすべて木城町でつくっているものです。

勝又　そうすると、生産地もあるし、生産する農家もいると。あとは販売先ですが、これについてもう少し詳しく教えていただけますか？

黒木　販売先をいまつくろうとしています。日向市のマルイチというスーパーマーケット。それから高鍋町にあるママンマルシェ（野菜や果物の直売所やレストラン、フードコート、ヒット商品であるゴボチ（ゴボウのチップス）の製造工場がある複合施設）。フーデリーという宮崎市のスーパーマーケット。そこと連携しようとしています。一般社団法人フードトラストプロジェクト代表の徳江倫明さんにご協力をいただいています。

勝又　徳江さんとはどのようなご関係ですか？

黒木　徳江さんのフードトラストプロジェクトとは高鍋町・木城町が包括連携協定を結んでいます。私は大地を守る会のときから徳江さんを知っていまして。徳江さんはオーガニックのレジェンドですから。

勝又　課題となっているのは売り先。オーガニックの野菜を給食でなんとかやるぐらいでは難しい。そこから先、生産したものの販路が必要ですよね。

半渡　出口戦略は必要です。あと二つ課題がありまして、一つは有機ＪＡＳの認定機関を木城町につくったんですが、そのために有機をやろうという生産者がいないと回っていきません。まだまだ少ないので生産者を増やしていく、いわゆる裾野を広げていくことが課題です。
もう一つが、ちょうど高鍋町には農業高校と県立の農業大学があるんですが、そこでオーガニックを推すなり、コースをつくってほしいと言っているのですが、教える先生がいないなどの理由でなかなかできない状況です。

勝又　亀岡市の桂川市長は自分のところで人集めもして、農業学校を今年（令和6年）2月から開講するようです。

黒木　農業委員会に聞くと、校長先生次第と言っていましたが、いま校長も一生懸命やってくれているのでいけそうな感じです。

半渡　農業高校は寮もあるし、全国からきていただいて、もっと勉強したい人は、近くに農業大学もあります。そことの連携がとれるといいと思っています。

黒木　私は有機農家が10戸あればいいと思っています。慣行農業をやっている方に意識を変えろといってもなかなか難しい。でも、応援はしてくださいと言っています。必ず安心・安全という言葉が返ってきて、ブランド力・評価が上がるから、応援してくださいと。

半渡　若い人は理解を示している感じがしますね。

黒木　ある経営の先生に有機農業の話をしたら、「何を特別なことを話しているみたいに言っているの」と言われました。ヨーロッパは当たり前、誰もが安心だというものを選びますから。

半渡　インバウンドがまだまだ増える中で、観光の中に有機農業や農産物が組み込まれるとまた違った側面があるのではないかなと。

黒木　時間がかかりますよね。農協に有機農業が入り込んでくるとかなり違ってくると思います。

勝又　兵庫県は「オーガニックビレッジ宣言」の数が多い。そういった中で県がどういうサポートをするかも本当は大きいのではないかと思います。

黒木　いまの食糧事情をみると、外国も食糧を出さないで奪い合いになりますよ。だから間違いなく自給を国がやらないと大変なことになってくる。

勝又　いま休耕地は増えているいるんですか？

半渡　増えていますね。

黒木　日本では、農家の平均年齢は70歳ですよ。若い人はなかなか入って来れなくて。これからは大きく変わってくると思いますけれども。

勝又　そういう意味では、農業学校の中にインターナショナルスクールを入れて、観光学科と組んだ科目も入れて、場合によっては、奨学金をつけてでも、若い人を呼んで来る。10年働いたら奨学金がタダになる仕組みにするなど。10年経つと、意外と地元の人たちと結婚する可能性もあるかもしれません。県ごとや地域ごとに新しいアイデアで、農業大学や学校を再構築する時期なのではないでしょうか。

林業も同じく大変だと思います。ＳＤＧｓの関係で大企業と連携して、森林資源を守るなど、「オーガニックビレッジ宣言」をスタートしたことによってそうしたことにも広げていく、ということも考えられるのではないでしょうか。

黒木　今後、先日農業生産法人に行ってきましたが、年商50億円で有機農業もやっている。冬の虫がつかない時期にやりやすい。また、慣行農業もやっている。とある県にいま寮をつくろうとしている。外国人労働者が必要なんですね。これから国が方針を出しているように労働時間短縮の時代。給料を上げろということも方針として出ていますから、外国人労働者にもきちんと住まいをつくってそこに呼ぼうと。

10年後、生き延びるためにやらないといけないことにお金をかけてやっています。寮をしっかりつくって教えていく、そういう時代に来ているのではないでしょうか。

勝又　外国人の留学生を受け入れて、交換留学ができるといいですね。

黒木　オーガニックな学び・オーガニックな学校、全体のイメージとしては人と人との交流・コミュニケーションを意味している部分もありますよね。

人と人とをつなぐオーガニックな関係というのが、豊かさや幸せという価値観を共有していくという意味で大事だと思います。

前は有機農業をやっていると、宗教的な人、変わった人、難しい人、変な人、というイメージがありました。これからは当たり前のように、オーガニックをやる人にはいい人が多いよね、という世界にもっていく必要があるのではないかと思います。

勝又　オーガニックな関係だね、というのが一つの合言葉になるような、そういう時代になるといいですね。

オーガニックという言葉を日本語に直した方がいいと思う時が多いのですが、なかなかいい言葉がないんですよね。ただ、人と人との関係をオーガニックな関係にしようね、ということで、なんとなくやわらかさ、ソフトなイメージを伝えられれば、大きな一歩になる。

黒木　オーガニックではない関係というのは、農薬と化学肥料で大量生産、売れればいいという世界。それに対してオーガニックというのは、やさしく、自然と溶け込みながら、安心安全を大事にする、本当の心の豊かさとか、幸せというイメージ。

勝又　私がオーガニックに関心をもったのは、『森は海の恋人』という言葉が一つのキーワードになっていて、私の地元にある富士山は駿河湾に流れる川と、相模湾に流れる川と、二つの源流をもっている。水や土を守るためにも、もっと有機農業を考えないといけないと思っています。

また、藩をもっているところ、城下町ができているところは、まちづくりを本気で考えているイメージがあります。高鍋藩は川の重要性を考えていたのではないでしょうか。

黒木　高鍋藩は美々津から新富町の一部まで、木城町も入って、川が重要でしたというのが、港があるところが大事だったらしいです。高鍋には港があった。最初は串間だったのですが、ただ農地開拓が難しくて、ここにきた。小丸川の堆積地があり、河口に港があるというのが一つのポイントでした。

それと、高鍋は炭を関西に出荷して稼いだんですよ。おそらく木材を川で流してきたり、だいぶ利用したのではないかと思います。

勝又　最後に、これから「オーガニックビレッジ宣言」をしようと考えている首長さん、まだしていない首長さんたちにメッセージやアドバイスをお願いします。

黒木　国を支えているのは地域でありまちです。地方のまちがどう変わっていくかで国が変わります。

いま戦争がいつ起こっても、大災害がいつ起こっても当たり前の時代になって、デジタル化する時代の中で、本当の豊かさとか幸せとか、オーガニックな、人と人が本当の豊かさ・幸せという価値観をつくっていくことが、自分たちの地域の活性化、日本を支える一つの小さなまちの取り組みとして大事なのではないでしょうか。

安心安全、豊かさ、脱炭素、ＳＤＧｓ、その先。「オーガニックビレッジ宣言」はそれを目指すためにあるということをお伝えしたい。

半渡　私もだいたい同じ思いです。１７００程度の市町村があって、それぞれの市町村がそれぞれの考えでやっていくべきだし、中には私たちのように連携を進めていく公共サービスのやり方もあっていいのではないでしょうか。

私たちのまちは大きな自治体と比較することもないし、キラリと光るまちづくりを通して、幸福度も含めて木城町に住んでよかったというまちづくりをやっていきたいですし、それぞれでやっていこうということかなと思います。

この分野では一緒にやろうというところは、緩やかな連携をたくさんつくっていった方がいいのではないでしょうか。

黒木　人口減少する社会の中で、地域連携は大事だと思います。

勝又　オーガニックという一つの共通項をもった市町村が連携しあって、デジタルで結びつき、コストを削減する。デジタルな社会のメリットを生かせるようなまちづくりが進むのもいいと思います。

日本の半分の首長さんが思いを共有してくれれば時代も変わってくるのではないでしょうか。

首長さんたちが頑張って、「日本をこういう方向にしようよ」という声がたくさん出てくるといいと思います。

本日はありがとうございました。

3　環境先進都市：桂川孝裕京都府亀岡市長、菱田光紀亀岡市議会議長

第2章でも見たように、「オーガニックライフスタイルＥＸＰＯ２０２３のシンポジウム」で市長のお話を伺った亀岡市。オーガニックの先進的自治体と目されることから、さらにヒアリングをさせていただければと思い、インタビューをお願いしました。キーパーソンのお二人である桂川孝裕亀岡市長と菱田光紀市議会議長に話を聞きました。

〔インタビュー日：令和6年1月18日〕

勝又　亀岡市は日本の一つのモデルと言えるまちで、オーガニックがまちづくりの発端となり、それがいろいろなことを吸収していっているように見えます。

いま検討が進んでいるオーガニックの公園がありますし、学校もできて、そこが拡大して人が増えるような形になるととてもいいですね。

一番のポイントというのは、京都という観光客が何もしないでも来るようなところの近くで、これだけのポテン

図表6：京都府亀岡市の地図

シャルがあるところはないのではないでしょうか。

桂川　ありがたいですね。おかげでだいぶそうした面ではまちが変わりつつあるかなという感じがしていますし、市民の皆さんの意識も変わってきたような感じがしますね。

勝又　オーガニックについては、市議会での質問から始まったということを聞きました。ある面では市民の声を市長さんがしっかり聞いて、市長さんの「環境は重要」という思いからうまくスタートしているという印象を受けております。それがいま、どんどん広がっている感じを受けています。

桂川　大変おこがましいのですが、世界に誇れる環境先進都市を目指していくという、壮大な目標がありまして。ですので、環境を基軸に行政をどう進めていくか、ということですね。元になったのが、保津川という川が特にプラスチックゴミで、どんどん汚れていき、市民の方々が色々と取り組んだり、行政もお金を出して清掃活動をやってきたのですが、雨が降るたびにイタチごっこで、また元の木阿弥になる。

これは制度を変えなくてはいけないということから始まって、「プラスチックごみゼロ宣言」を市議会と一緒にさせていただいて、まずはレジ袋の有料化をしようと。国よりも11か月早く、市で有料化をスタートしました。そして厳しい議論を重ねて、2020年の3月議会でプラスチック製レジ袋の提供禁止条例を可決していただき、2021年の1月1日からスタートしました。おかげで大きなトラブルもなく、亀岡市内ではコンビニエンスストアもファーストフード、ユニクロやマクドナルドを含めて、すべてのお店でレジ袋を禁止していただいています。

実はユニクロはいち早くやっていただいて、亀岡の店からレジ袋をなくして、紙袋を有料化にし、そしていま、全国すべてのところでレジも無人レジにして、紙袋も有料化されている。その取り組みをこのまちから始めています。実はマクドナルドもこのまちからレジ袋を禁止して、紙袋を有料にされています。いま少しずつですけれども、広げられておられます。

そうしたことができてきたことは大変ありがたいことですし、市民の皆さんの理解が進んで、市民のみなさんがエコバッグ・マイバッグを持って買い物をしてくださる比率がもう98％以上になっておりますので、多くの皆さんが環境行動を自らとってくださっています。

まずはゴミ行政をやっていたんですが、川に流れる農業ゴミも多いんですね。肥料袋だとか、黒いマルチや苗のポットとか、思ったよりたくさんありまして。農業も環境を重視できるかというところから、有機栽培やオーガニックというものにたどりつきました。実は菱田議長が有機農業を先進的にやっておられて、ＪＡＳの認定も受けていらっしゃいますし、そういうところを農業の差別化につなげられないかと。

また、亀岡というところは京都・丹波に位置しておりまして、いま「丹波」というと丹波篠山が丹波の中心に思われるのですが、もともと丹波国の中心は亀岡だったんです。篠山は桂文珍さんの出身地で、文珍さんが落語とかお笑いの中で、丹波篠山を題材に、「丹波篠山の猪が」、というような話をされたことによって、「丹波といえばー篠山」になってしまっております。丹波篠山市はもともと篠山市だったんですが、5年ほど前に「丹波篠山」に改名したんですね。

私たちは「京都の丹波」ということを売り出していこうという話にしながら、魅力をつくっていこうとした時に、やはり、丹波の魅力は農産物ですね。もともと京都の都を支えた台所と言われて、ここでとれた野菜などが京の都に運ばれて、京の都の平安遷都から1200年続いたということです。

それだけいい農産物がとれる地域なんです。その農産物をより魅力的に、価格帯もそうですし、差別化をどうできるかという時に、環境都市でもあるし、なるべく農薬や化学肥料を使わないようにしながら農業を進めていく、有機農法が重要だなと。

ちょうどそれをやり始めた時に、国が「みどりの食料システム戦略」で、2050年に国内の耕地面積の25%を有機にするという大胆な方向性を出されて、私たちのまちはまさにやっていこうとしていることなので、「オーガニックビレッジ宣言」を、一番は奈良県の宇陀市だったのですが、日本で二番目にさせていただきました。

オーガニックの農家をどう広げるか、慣行農業との差別化をどうするかということから、まずは市内の子どもたちの給食に無農薬のお米や野菜を使うことに取り組みました。一番はじめは保育園の給食を有機給食に変えるということで、毎日ではなかったのですが、お米と野菜について、有機の食材を使うようにしました。

その後、それを広げていくためには、できれば行政が市内の小学校の給食を有機に変えていこうと。すべて有機でやろうと思うと、年間60トンぐらい必要なんですね。小学校だけで。去年からそれを始めて、令和5年度、26トンの有機のお米を収穫することができました。それを今、市内の給食に使っております。

実はそれを使うにあたり、お米をどうやってつくってもらうかという時に、市が給食用のお米として、30キロを2万4千円で買いますよということを表明しました。これは「オーガニックビレッジ宣言」の中で、昨年（令和5年）の2月12日でしたか、宣言した時に発表させていただきました。「こんなの高すぎる」など、色々言われましたが。そうした形で買わせていただいて、まずは学校給食で提供していくと。

これの目的は何かと言うと、有機農家を増やしていく。そして、有機農作物を増やして、将来産地化につなげていきたいと考えています。ですので、慣行農業ももちろんいいですけれども、有機もどうですかかと。有機の場合は収量も減りますし、手間もかかるので、30キロ２万４千円で買わせていただきますよ、ということにさせていただきました。

買取金額は参画いただく農家数が増えたこともあり、保管や納品方法を変更した結果、最終的に30㎏１万８千円で買うことになりました。

おかげで令和５年19の農家さんに参画していただいて、当初は20トンいかないのではないかと言われていましたが、26トンが穫れました。この調子でいくと、来年、再来年には50トンぐらいになるかなと思っています。

それと合わせて、人を育てないといけないなということで、今年（令和６年）２月10日に亀岡オーガニック農業スクールというのをオープンします。プロとして有機農業を目指す人へのカリキュラム。そして、普通の農業をやっているけれども、一部有機をやりたい人も含めて、副業として農家をやりたい人。そしてもう一つはオンラインで有機農業の技術を学びたい人。そういう人たちを募集しておりまして、２月10日にオープンする予定で準備を進めています。

勝又　できれば私も来させていただければと思います。

桂川　是非とも。

これはやはり、行政だけでは到底できませんので、有機をやっているオーガニックｎｉｃｏさんとか、みなさんに協力をいただきながら、カリキュラムをつくって進めていくことになります。

できれば、プロとしてやっていきたい人については、移住をしていただいて、農地も提供して、行政が紹介をして、しっかりとサポートしていきたいと思っています。

それから、有機をやる人には若い人が多いですよね。「自分が有機をやりたい」という思いをもって来られます。ただ、彼らが多くの投資をできるお金をもっているかというとそうではない。その辺を支援するために、新たに農業機械のシェアリングというのをやっています。簡単に言うと、1時間、1980円でトラクターを1台、借りられますよと。それはメンテナンス料も全部込みで使っていただけると。いま2か所でやっているのが、令和6年度で3か所になります。将来は市内で8か所はやりたいなと思っています。

そうすると、既存の農家も高齢になってきていますから、農業機械を買おうと思うと、乗用車以上しますから、1台400～500万円ぐらい。それに投資して農業ができるかというと難しいので、借りれるとすればできるということですから、そういうのを支援しています。

それで有機農家を育てていって、経済的に安定してくれれば、自分で機械を買われると思いますので、そういうサポートをする取り組みを行っています。

また、有機をやろうとすると、有機肥料、土壌改良材ですね。落ち葉だとか、そういうものを含めて堆肥をつくらなければいけない。そういうのを支援する取り組みもいま始めています。

勝又　堆肥には具体的に何があるのでしょうか?

桂川　家庭から出る剪定枝とか、抜いた雑草などの草を市が収集して、堆肥化を始めているのですが、はじめは年間

100～150トンぐらいかと思っていたのですが、市が想定している以上に、1か月で400トンぐらいのペースで集まってしまいまして。

勝又　堆肥をつくって販売するような取り組みですね。そうしたニーズがあるという話は色々なところで聞いております。

桂川　私たちのまちは堆肥センターをもっているんです。それは畜産の糞尿を使ってつくっているんですけれども、これも課題があって、臭いがあると言われますから、できれば今年令和6年か来年には、バイオマスプラントでメタン発酵されて肥料をつくるような形にしたいなと思っています。

そうすると、堆肥センターが空いてきますから、そこで草とか落ち葉とか、そういう有機素材を使った土壌改良剤、腐葉土みたいなものをつくっていきたい。そういったものを有機農家に届けられるようにしていく。まさにサーキュラーエコノミー、循環型社会をつくっていくということを考えています。

勝又　それからオーガニックビレッジパークというものの設置を考えられていらっしゃいますね。

桂川　あそこはもともとスタジアムをつくる用地で、前の市長がスタジアムの誘致を表明して、その時、私は京都府議会議員でしたが、京都府がつくるということになっていまして、そこで公募に応募して亀岡市につくることになったんですね。

駅の北側の農地を買ったんですけれども、その駅側の小川にアユモドキが生息しておりまして、天然記念物で希少種ということで、ＷＷＦを含めて環境団体が「スタジアムをつくるな。アユモドキを守れ」と。そうした運動が起こってスタジアムが長いこと建設できなかったんですね。

私が市長になってから、このままではスタジアムはできないので、議会にお願いして、アユモドキを市の魚に認定していただいて、これを未来永劫、亀岡の宝として守っていきますよということを表明しました。そして、駅の横の3・4haの土地を35億円で買って、そちらをスタジアム用地に提供したということなんです。

残った土地をオーガニックビレッジパークとして、オーガニックの拠点にしていきたいと思っています。

そこで一つは、アユモドキのビオトープをつくり、アユモドキを守っていくと。アユモドキを守るためには、もちろん農薬などを使えませんので、そこにはオーガニック市民農園をつくって、オーガニックをやりたい市民の皆さんに、技術を体験していただけるようにすると。その他、農小屋をつくってそこをアトリエにするとか、オーガニックの販売拠点をつくるというようなことも考えていきたいと思っています。

また、令和8年に全国都市緑化フェアというのがありまして、その会場に亀岡市が決まりまして、その会場をオーガニックビレッジパークにしていく。そのテーマは環境と食農と芸術で、これから公園を整備していくということになります。そこが名実ともにオーガニックの拠点として、いろいろなことを発信できればいいなと思っています。

勝又　ピッタリですね。環境と食農と芸術と。

桂川　はい。アユモドキの餌をつくるためには有機農業をして、なるべく農薬を使わないようにして、そこから色々な微生物が出て、それが餌になりますので、そういった環境をつくっていきたいと考えています。

勝又　私はずっと金融をやってきました。最初は大和証券で、そこから外資系金融で10年以上やって、リーマン・ショックで辞めました。たまたま両親の実家の御殿場に戻り、次男が農業をやりたいというので、農業委員会に頼んで資格を取得しました。金融の世界からすると、食料とエネルギーというのは大事な分野でありまして、㈱食材研究所を設立しました。

自然エネルギーは太陽光とかバイオマス発電とか、ここでもペレットストーブの取り組みをやっているようですね。これからは各地域が昔から持っていた歴史ある文化を守ったり、復活させるような、そうした地域がたくさん出てくると、日本はもっと、世界にアピールできると思います。

特に、ここ亀岡市は石門心学、石田梅岩の思想があり、そしてなぜか葛飾北斎も？

桂川　そうそう。実は石田梅岩と葛飾北斎はつながりがあるということなんですよ。

勝又　そういうことですね。北斎さんの時代は確かに循環型社会でしたね。

桂川　昔はすべてオーガニックでしたからね。

勝又　そうです。兵庫県をこの間回って来ました。かなり頑張っている印象を持ちました。ここ京都、奈良。関西一体がこれからオーガニックと文化の花咲く地域になってくるのではないでしょうか。

桂川　令和6年6月に「オーガニックライフスタイルＥＸＰＯ」が京都の京都市勧業館みやこめっせで行われます。石田梅岩の生誕地ということでもあるのですが、生誕地整備も行っているんです。7年完成する予定なんですが。北斎と、それから円山応挙とも石田梅岩はつながっていたという話です。

勝又　石田梅岩と円山応挙が同郷で、それで北斎さんがということみたいですね。

桂川　昔の時代にそういうつながりがあったのかとびっくりしたんですけれどもね。ですから「悪玉踊り」とか、石田梅岩や円山応挙から出てきたものを葛飾北斎が使っていておもしろいなと思っています。

勝又　「オーガニックビレッジ宣言」がスタートで、まちの歴史とか、いろいろなことをもう一度耕す、ということが、ビレッジ宣言の志という気がするんです。

それぞれのまちに色々な歴史があって、成り立っているんだと思うんです。それを自分たちで発見して、そして発見するとまたそれがつながっていく、ということが重要なんではないでしょうか。亀岡市はそのパイロットケースだと思います。

ただ、お金がかかるのではないかとか、正直よくわからないんです。別にビルを建てるわけでもないですし。その辺はどうなんでしょうか。市民の皆さんは心配したりするのでしょうか。

桂川　実は、はじめに環境のことをやろうとした時に「環境をやることで地域が活性化するのか？地域がまわるのか？」

と言われたんです。でもおかげで環境をやり始めたら、ふるさと納税がグッと伸びてきましてね。今年、約40億円の寄付を、全国から10万人を超える方から寄いただきました。

実は今日も大手の金融機関から、企業版ふるさと納税をしたいという申し出がありました。

勝又　よかったです。

桂川　全国40か所の会社の末端から候補があがってきて、4自治体に寄付することになって、その一つに亀岡市が入ることになりました。

勝又　おめでとうございます。

桂川　それはまさに環境をやっているということからということで、寄付をいただくことになりました。

勝又　これから財政について、みなさん心配するところだと思いますが、そのような中でプロジェクトが進んで、お金もしっかりついてくるといいですね。

桂川　私どものふるさと納税の返礼品のほとんどが農産物です。農産物をうまく6次産業化していただいたものも含めて、お世話になっておりまして。有機の取り組みを進めていくことによって、もっとそれが差別化できて魅力的なものに変わっていくのではないかと大変期待しております。

有機をやっていると大変だけれども、しっかりもらえる、儲かるような形にしていこうとしています。

菱田　先ほど市長のお話の中で、30㎏2万4千円で市が買うということに対して19組の農家が参加しようとしたのは、当然収量は半分になるかもわからないけれども、収益としてはそれ以上に上がると。というところを市長も狙っておられて。それを私らは野菜作りの中で、お米づくりも含めて、どう広めていこうかと。隗より始めよで、私のところで研修した農家などがしっかり稼いでいただく。行政の支援もしていただいて。

桂川　そういう意味で、農業の差別化が必要だと思っています。もちろん、慣行農業が悪いと言っているわけではなくて、それは農地を守るためにも必要だと思っているんですけれども。一方で有機をやることによって、地域の新たな魅力をつくっていくと。有機をやることによって、学校給食がよくなって、子どもたちの食育がうまくいくとか。有機をやることによって、それを使ったヴィーガン・レストランのようなものが生まれてきて、それが地域の賑わいの核になっていくとか。有機をやることによって、環境がよくなって、それによって生物多様性がより守られていくとか。そうした効果・効用があるんではないかと思います。

問題は川下から川上への流れをどうつくるかで、農家は有機をやろうということで勉強していただいて、それを作っていただければいいんですが、問題はそこからの流通なり、届け先と言いますか、それが一番大事です。いま、行政が旗を揚げていると、コープ自然派さんとか、よつ葉グループさんだとか、そうした有機を扱うところから、是非ともそういうものを使いたいと。

今日も実は世田谷の学校のPTAの方が来られて、世田谷の小学校・中学校で有機を使った給食を出したいと。

そういうものを提供できないかと。そんなオファーもいただけるようになってきました。

勝又　それはすごいですね。

桂川　まさに消費地ですよね。東京のど真ん中。高級住宅街。ああいうところがそういう取り組みをやっていただけると、我々が、今年26トン獲れましたけれども、来年50トンぐらい獲れて、3年後5年後には、100トンを超えて獲れるようになってくると。そうしたら、余ったお米はそういうところに亀岡から輸出するというか、使っていただけることになると。それがどんどん米から野菜に転化されていけば、もっと市場にそういうものを出すことができると。

それともう一つは、地元の朝市広場のようなところに出品していただくと、亀岡に行けば安く新鮮な有機野菜が買えるようになると。そうすると一度足を運んでみようかなという意識になってくるだろうと。いま、だいぶそうなってきました。

そういうことができるようになるためにも人材育成が大切ということから、亀岡オーガニック農業スクールを開講していこうということでやっています。

勝又　「オーガニックビレッジ宣言」は農水省が10%の宣言自治体を目指すという話なんですが、本当は日本の約1700ある自治体の半分ぐらいが宣言するような方向になると、流れがまったく変わってくるのではないかと思います。

桂川　特にヨーロッパではそうした有機の文化がありますから。日本はまだまだ自治体の環境意識は弱いところがありますし、農業ということをきっかけにそういった環境を考えていけるようになるとよりいいのではないかと思います。

私たち亀岡としては、できれば「オーガニックビレッジ宣言」をした自治体との新たなネットワークをつくって、情報共有だとか、新たな技術の交換だとか、オーガニックライフスタイルＥＸＰＯみたいなものに参加をしていくとか、そういう機会ができてくるといいなと思っています。

勝又　デジタルがこれから進んでいく社会の中では、同じ志をもった市町村が、例えば九州と北海道でもつながることができるようになると、デジタル田園都市国家構想で謳われている方向性にだいぶ寄ってくるのではないかと思います。オーガニックや環境を重要視するような基本的な理念が一致する首長さん同志が集まるというのが重要だと思います。

桂川　切磋琢磨しながら、国に対しても色々な意味で要望していくようにならないとダメだと思うんですよ。いまは国が方向性を示して、２０５０年までに有機農業の面積の割合25％を目指すと言っている。それに対して補助金を出しますよという話があるんですけれども。

逆に言えば、一緒にやっている農家の皆さんの情報が一番入りやすいわけで、そうした人たちの声を届けながら、有機農業が進んでいくような環境をつくっていかなくてはいけない。

勝又　議長さんはそれの実践者ですからね。そういうことをまちづくりとしてやっていけるといいですね。やはりネットワークづくりは重要ですね。

桂川　最初にやらなければいけないことだと考えています。

勝又　静岡県三島市のみしまオーガニック給食プロジェクトの方たちともお付き合いしているのですが、亀岡市の職員の方が来て、講演をされたと言っていました。もっとそういう広がりがいろいろなところで出てくるといいなと思いますが、最後にアドバイスはありますか？

桂川　首長の政治的なスタンスによってまちは大きく変わってくるんですよ。そういう人をつくっていく必要がある。私も若い時は菱田先生と一緒に青年会議所というところで、まちづくりの取り組みをいろいろやってきて、そういうことがあったからいま、こういうことをやっているんですけれども。そういう面では市町村のネットワークをつくって、同じ志がある人たちが、日本全体を地方から盛り上げていくことが大事だと思います。地方創生という言葉がありますが、地方が魅力的になって日本を変えていくことが必要だと思っています。まさにオーガニックビレッジ宣言が、横展開で、色々な自治体に広がっていくような取り組みを進めていかなくてはいけないと思っています。

勝又　微力ながら私もお手伝いしたいと思っています。

桂川　是非とも。

勝又　次に菱田議長に伺えればと存じます。まず桂川市長が環境をメインに取り組まれる中で、「みどりの食料システム戦略」や「オーガニックビレッジ」がタイミングよくきて、それに入っていったと考えたらいいのでしょうか。

菱田　そうですね。私もそれまで有機農業の推進ということを言っていましたし、私の志という意味では、今から30年前に（農業指導団体である一般社団法人愛善みずほ会の）出口さんにお会いした時に、「あなたの志はなんだ？」と聞かれて、私は「いのち輝く有機野菜をつくること、それを広めることが私の志です」と言ってやってきました。

そんな中で、議員にでもならないと行政が動かないということで、いま、友だちの支えもあって、議員をしています。なかなか動かなかったのですが、桂川市長が環境先進都市を目指す、ということをやってきて。実は前に桂川さんと一緒に青年会議所という40歳までの青年経済人が集まってまちづくりをする中で、環境問題に亀岡市として取り組んでいこうと。そのための青年会議所であろうということで発信をして、その発信をする中で、世界に誇れる環境先進都市というテーマの下にどうあるべきかということを桂川さんなどが一緒にまとめてくれたんですよ。それを青年会議所から発信して、桂川さんは市長になられて、まさにそこで発信したことを実践しています。

私は自分なりに何ができるかということを考えた時に、子どもたちや家族が安心して食べられるものを広めていこうということでやったのが有機農業だったんです。

そこで出会ったのが、農業指導団体である愛善みずほ会で、有機農業の指導を戦前からされていましたので。戦後に農薬や化学肥料が入ってきて、そちらがスタンダードになってしまったので、有機農業という考え方はすたれてしまったのですが、やはり栽培技術という意味では愛善みずほ会が優れていました。その流れの中で、いろいろと農業指導をされてきて、その技術を私もいただいて、いま実践させていただいています。

その目的は自分も家族も、誰もが食べていただいて健康になっていただける。有機農業をすることによって、川下にきれいな水を流していける。そのように食にも環境にも役立つ農業をしたい。
ようやくいま、「オーガニックビレッジ宣言」を含めて、亀岡市がそういう方向で、環境というテーマの中ですけれども、農業面で動いてきているので。その中で議員としても提案をしつつ、若手の農家の意見や思いも聞きながら、実践するには何が必要なのかという話を進めさせていただいています。

勝又　昔から今の桂川市長とはまちづくりを一緒にやられてイメージを共有されていらっしゃったんですね。

菱田　議論をずっとしてきましたので。

勝又　そういうことですよね。前々から理想とするまちづくりを考えていたわけですね。そして、タイミングよく「みどりの食料システム戦略」がきたいうことですか?

菱田　ようやく国が亀岡に近づいてきた。まさにそういう思いでやっていますし、それを続けていくためにはリーディングシティであるべきと思っています。
私は農家の立場なので、自分の後についてくる人間に対して、慣行農業をしている人たちよりは、社会に対して有機農業を通して貢献をしている。環境にもやさしい農業にしている。そういうプライドをもってもらいたいと思っています。そして、それを実践することで、しっかり農業で経営が成り立つといいますか、いい経営ができる。日本的な経営が。そうした方向に導いていかないといけないと思っています。

いくら理想が高くても、現実的にそんなことをしていたら飯を食っていけないでは本末転倒ですので。実践することによって、行政とは違う民間の立場で言うと、しっかり経営が成り立つものに仕上げていく。自ら実践して、まずは隗より始めよなんですけれども。自分が見本を示して、仲間をリードしていくことが大事かなと思います。

勝又　先ほど桂川市長がおっしゃっていた堆肥づくりですが、これは結構な量ができ始めているのでしょうか？

菱田　まだこれは実験をしている最中ですね。私なんかが行政に提案しているのは、落ち葉とかも大事だけれども、それよりも木材。山で間伐されて切り捨て放置されている木材。それを堆肥にする。それこそ愛善みずほ会というところで、そういう技術があるので、指導をしてもらって、実践しようと。

それはコストが高くなるかもしれないけれども、コストが高くなってもよりよい野菜ができて、それに付加価値がつけられるのであれば、それはその方がいいわけですから。

安く仕入れて高く売ろうではなくて、コストはかかっているけど、それに見合うだけの収益が得られるようなことにしていかなくてはいけません。

勝又　間伐材が１００トンぐらい集まってしまったというのは？

菱田　それは個人のお宅で剪定したもの。

勝又　それで100トンぐらいと想定していたものが、300トンぐらいになってしまったというお話ですね。

菱田　100トンぐらい集まるだろうと思っていたのが、1か月余りで300トン集まってしまいました。それを畑にもっていこうということで、直接欲しい人がいて、100トンぐらいであればうちでなんとかするよと言ってくれていた農家がいるんですけれども、結果的に多すぎて、受け入れできないと。そこで仕方なしにいったん焼却処分をしているみたいです。

いま検討されているのは、例えば炭にするとか、堆肥にする技術はあるので、いまある家畜糞尿の堆肥センター、土づくりセンターといっていますが、そこに集まっている家畜糞尿をうまくバイオ資源として活用してもらえるところがあれば、その場所が空くので、その空いた場所で落ち葉の堆肥をつくろうというのが市長の先ほどの話です。

勝又　なるほど。これからということなんですね。

菱田　そうですね。いま実験している最中で。どういう形で堆肥ができるか、模索中ですね。

勝又　オーガニックビレッジの公園の構想もできているのですか？

菱田　そうですね。つくりながらいろいろやっています。既に公園指定をしていますので、普通に農業はできづらいところなんです。オーガニックビレッジパークという形で要は農業を通じて、楽しんでいただく。農業を生業とする場所ではなくて、農業を通じて市民の憩いの場にできるような公園にしたいと。

勝又　市民農園もできるんでしょうか？

菱田　やり方次第だと思うんですけれども、そういうのも構想の中に入れながら、手続きをしていると思います。

勝又　農業に参画する人を増やしたい。そのために大学をつくりますよね。これが（令和6年）2月10日に開講すると。公園の方はどのような人が参加するのですか？

菱田　あの場所はもともとスタジアムを建てるということで、国からの公園指定を受けていますので、公園指定を受けている以上、公園らしい使い方をしていかなくてはいけない。農業とからめて。そこで色々な工夫を考えてくれているんだろうと思います。

勝又　その辺はどなたが考えていらっしゃるのですか？

菱田　それは環境と公園と農林の担当が一緒になって。メインは公園なので、まちづくり、都市計画の関係の部署でやっています。

勝又　それからアユモドキですか？

菱田　鮎に形が似ているドジョウなんですよ。これが絶滅危惧種で、そこにスタジアムを建てようとした時に、データブックに載っているようなものが近くにいるところで、スタジアムを建てるのはどういうことだと。環境保全ができていないのではないかという指摘を色々なところから受けたんです。

ですので、その場所で建設するにはまだまだ生息調査、アユモドキというドジョウ、生き物に対して、影響があるのかどうなのか色々調査をして、問題ないという結果が出るまで、建てられないということがあったので、そこを断念して、今の場所にスタジアムを、用地を買いなおして、建てたわけなんですね。

ちょうど令和8年に都市緑化フェアを亀岡市を中心にこの地域でするということが決まったので、そのメイン会場に使わせていただくと。メイン会場の一つですね。

勝又　都市緑化フェアというのは一自治体でやるのですか?県でやるのですか?

菱田　基本の受け皿は京都府なんですけれども。実施エリアは京都丹波エリア。亀岡市、南丹市、京丹波町という京都丹波エリアでやっていこうと。

勝又　先ほどの市長さんの話は何がメインのポイントと考えたらいいのでしょうか?

菱田　市長の考えているのは環境の一部ということだと思います。

私たちが有機農業を進めていく、環境にやさしい農業を進めていく立場としては、やはり「みどりの食料システム戦略」が出てきたことは大きいですし、「みどりの食料システム戦略」の大きな柱は、自前の資源を確保しようということだとみているんです。というのは、化学肥料というのは、石油を輸入できないとダメなんですね。要は肥料を自給できるようにしようと。これが一つの柱ですね。もう一つは環境に配慮した、環境配慮型の有機農業を推進しようと。この二つが大きな柱ではないかと思っています。ですので、有機農業だけを進めるのが「みどりの食料システム戦略」ではないんです。

国内の農業をしっかり確保しようと思ったら、当然それの原料がないと、肥料がないとダメなわけで。いまリンは、リン鉱物を中国から輸入してつくっていますし。化学肥料にしても、石油を輸入して化学肥料に変えているわけです。そういうのに頼り切っていたら、いずれ食料自給率も安定しなくなってしまうと。そうしたところが根底にあるのではないかと思っています。

それを実践するために、有機農業をする農家に対しては、こういう支援制度があり、つくりましょうとか、そうしたことが細かく書かれています。

勝又　亀岡市では、亀岡オーガニック農業スクールが2月10日に開講して、オーガニックビレッジパーク開設に向けて取り組まれています。後者は足立区都市農業公園をモデルにするとのお話も伺っています。これが実現すると、京都という観光の世界都市の隣に、オーガニックのシンボルとなる公園ができて、新しい亀岡市が生まれるのではないかと期待しております。

長時間にわたって色々とありがとうございました。

第４章

シン・オーガニックビレッジ宣言のすすめ

第4章　シン・オーガニックビレッジ宣言のすすめ

以前、私が埼玉県小川町を視察した時に、有機農業を基盤とした相互扶助型市民ネットワークのまちづくりに取り組む特定非営利活動法人生活工房つばさ・游の高橋優子理事長（全国有機農業推進協議会理事）にオーガニックの意味について質問をさせていただいたところ、「生きものを大切にすること」という回答をいただいたことを今でもよく覚えています。以来、私も「オーガニック」をこのような意味で捉えてきました。一方、「オーガニックビレッジ」の「ビレッジ」ですが、これは農村など（広くは市町村の自治体）のコミュニティと捉えています。

また、Agriculture（アグリカルチャー、農業）はAgri（アグリ、土）とCulture（カルチャー、耕す・文化）を語源としていると言われています。もともと農業には土を耕す文化という意味合いがあり、それは土づくりを土台とするオーガニックとも近い概念と言えます。

終章となる第4章では、こうした認識の下、私の考えを提起したいと思います。

ここまで、序章では、背景となる「みどりの食料システム戦略」の内容を押さえた上で、「オーガニックビレッジ」を概観し、それに首長が取り組むメリットについて説明しました。第2章では、「オーガニックビレッジ宣言」を行った自治体の有機農業推進計画の傾向を見た上で、一般社団法人オーガニックフォーラムジャパン主催のシンポジウムから、首長の事例報告の内容を掲載させていただきました。第3章では深堀りをするために、オーガニックビレッジの制度の目指すところを農水省に、流域連携で森と水を守ろうとしている高鍋町長と木城町長、そして環境先進都市を掲げリーディング自治体と目される亀岡市の市長・市議会議長にインタビューをさせていただきました。

そして、第4章では、持続可能な社会を実現する観点から、「オーガニックビレッジ」をより推進していくためには何が必要なのか。田舎で農業に従事した経験も踏まえて、提案したいと思います。

1　シン・オーガニックビレッジ宣言とは何か

オーガニックビレッジ宣言自治体は既に2023年度に93市町村に達しており、農水省が掲げた2025年までに100市町村という目標をすぐに突破しそうな勢いです。

今後は学校給食のオーガニック化が進むと思いますし、「みどりの食料システム戦略」により開発されたテクノロジーの活用も進んでいくでしょう。

ただし、第2章のアンケート調査の結果でも見たように、オーガニックは安心・安全という意識は高いものの、持続可能な社会に貢献する取り組みという意識に乏しい消費者が多く、今のままでは、大きな流れにならない可能性があります。

やはり、「オーガニックビレッジ」という制度が運用されていくことに加え、生産者のみならず国民全体の意識や心が変わっていく必要があると考えます。そしてそれは、制度に心を宿す試みと言ってもいいかもしれません。

その際、持続可能な社会の実現に向け、「オーガニックビレッジ」がより推進していくためには、私は市民が三つの心を持つ必要があると考えています。これを「シン・オーガニックビレッジ宣言」として提言します。

この「シン」の意味は、「真（心）なる」という意味と「新しい」の二つの意味があります。古来、多くの日本人、日本の百姓※が有していた心、「真（心）」の部分を取り戻してもらいたい。さらには、それらをスマート農業などの新しい技術など新しい試みとも調和させつつ、宇宙時代に求められる新しい心を持つことを目指すものです。

（※百姓には漁業や林業に従事する人々も含み、百姓＝農民ではありません）

2　中貝宗治元兵庫県豊岡市長との対話

提言をまとめるにあたっては、最後のインタビューとして、元兵庫県豊岡市長の中貝宗治氏に再度お話を伺いに行きました。是非、皆さんに共有したい内容ですので、提言をお示しする前に、インタビュー内容を以下、ご紹介いたします。

〔インタビュー日：令和6年2月11日〕

勝又　本日は「オーガニックビレッジ宣言」について中貝さんが期待すること、そしてもしご自身がいまも市長であったら「オーガニックビレッジ宣言」に関連してどのように取り組んでいかれるか？そして、「オーガニックビレッジ宣言」について他の首長に期待することなどを伺えればと思います。よろしくお願い致します。

中貝　まず「オーガニックビレッジ」。農水省が旗を振っているだけであれば期待できないと思います。トキとコウノトリの違いの構図と同じです。はじめ、国や都会の環境保護団体が「大切な鳥だ」と言ってくる。地元の佐渡に説教をする。

コウノトリは国ではなく、特別天然記念物の指定はありましたが、はじめから豊岡の鳥でした。兵庫県が管理団体。県から市が人工飼育の委託を受けました。野生復帰は豊岡市からの提案でした。コウノトリが住めるような環境は、人が住むのにもいい環境のはずと。

当時の佐渡市長の合言葉は「トキを取り戻す」でした。

国が上から「やれ」と言ってもうまくいかないと思います。国の夢を押し付けても、地域の人々の夢にならないでしょう。

豊岡にいて、コウノトリを飛ばすことにどのような意味があるのか、農業が変わるというのが豊岡にとってどういう意味があるのかをひたすら考えました。

もちろん経済的にもうまくいかないといけないので、高く売るためのブランド化をやってきました。私たちは自分たちの足元しか見てきませんでした。

その地の自然や歴史、文化、コウノトリ。ただ、ひたすら足元を掘ってきました。日本中や世界に同じようなことが起こっているところがある。佐渡はトキ。能登もトキやコウノトリ。アメリカでカリフォルニアコンドル。蛍が消えたところも。みんな世界のことを考えているのではなくて、足元を見ている。そういうところが地下水脈でつながる。

足元を掘っていると地下水脈にあたって、世界中、同じようなことを考えている人々につながっている。そうした普遍性がある。

「オーガニックビレッジ」という発想は悪くないですし、国が旗を振るのも悪くないですが、各自治体が自分たちの問題に翻訳できるかどうかが重要。

国が言っていて、ついていけばお金も入ってきてPRもできる。その程度にとどまっているのであればこの先はないと思います。

自分たちの農業をなんとかしたい。自分たちのさびれていくまちをなんとかしたい。その対策として「オーガニックビレッジ」と結びついたときに、「頑張ろう」ということになる。

現場に一番近いところにいる市町村が「そうだよね」と。さらに近いところにいる農協がそれを「責任をもって売るよ」と。農協でなくても「この地域を元気にするために私たちも力を貸すわ」と消費者、卸の人たちだとか、そういう人たちが入ってきて一緒になってまちづくりを進める。これができたら、力が出てくると思います。そこに期待はしています。

「豊岡も頑張っているので刺激しあおうぜ」とか、「亀岡が頑張っているので刺激しあおうぜ」というのがあちこちでできてきて、自分たちのまちづくりの問題として、あっちやこっちや動いてきたときに、全体の風景が変わってくる。

ただでさえまちも農業も人口減少。若者に選ばれないとさびれるばかり。希望がない。希望がないところに若い人はかえってこない。負の連鎖に入っています。

自分たちの地域はオーガニックをやることによって、安心・安全な食べ物を高付加価値化して、都会に売っていく、経済的な基盤をつくる。豊岡の場合は生きものがいっぱいのまちをつくる。そのことによって魅力を高めて希望のあるまちにしよう、という風に。そう結びついた時にエネルギーが湧いてここまできたわけですね。

その意味ではリーダーがどのような考え方をするかも重要です。リーダー自身が、自分たちのまちを元気にするためにこれは有力な戦略だ、と本気で思ったら、動き出しますよね。

市に説得をして、農家にも話をして、農家の中でも「今のままでいいのか、このままではさびれるばっかりだ」と思っている人たちが「任せてください」というような話になるとがぜん、元気が出てくるわけです。そうした地域が増えていけば日本全体が元気になってくる。

勝又　経済とのバランスでどう考えていくのかということに悩んでいる首長さんもいらっしゃるのではないかと思います。

中貝　基本は危機意識をもつことだと思います。この人口減少に。人口減少は30代の人以上、60代の人が「こんなまちで暮らせるか」と思っていなくなることに原因があるわけではありません。若者が出て行って帰ってこないこと。若者に選ばれるようなまちをつくらなければいけないけれども、若い人たちは希望がないまちに帰っていかない。その厳しい現実を押さえた上で、それに対処しようとすると、平凡な政策、中途半端な政策では対応できない。豊岡で「小さな世界都市」という大げさなことを掲げたのも、それぐらいのことをやらないと、この闘いで戦えないという私なりの危機意識でもありました。

同時に、大変な危機を克服するというのは、夢をもって克服しようと。

夢とは何かというと、コウノトリのような生きものがいっぱいのまちをつくろうよ、とか。世界中から演劇をみるために豊岡にくる、そんなまちをつくろうよ、とか。

とんでもない危機に対応するときに、構想、あるいは希望。夢でもって対応する。苦しいからひたすら頑張れ、では誰も頑張れないですよね。だけれども、「そうか、こんな夢があるのか」と言えたときに頑張れる。そうすると、農業では有機の方向にいくのは残されたごく少ない選択肢だと思うんですよね。

同時に、経済を抜きにして、農家がひたすら奉仕をして、美しい理念を掲げていたとしても続かない。やはりマーケットでしかるべき評価を受けて、いい値段で、懐もあたたかくなります。逆に言うと、マーケットが自分の仕事をそれで評価してくれるわけですから。高くても売れるとすると、これは素晴らしい仕事をしているということになるわけです。農家の誇りにつながっていくと。

日本の農業を考えた時に、有機の方向に舵を切るというのは、残された数少ない選択肢だと思います。

勝又　昨日、亀岡の「亀岡オーガニック農業スクール」の入学式に参加して、話を聞いてきました。有機農業についてはデータベースも重要であると。また、オーガニックの本質は何かというと、生きものを大切にすること。生きものを大切にするのは一つの文化。アグリカルチャー自体が土を耕すことを大切にする文化。今まで勘に頼っていたのを、これからの若い人たちは蓄積されたデータベースを活用して、こういう野菜をつくるには、こういうものがあればできる。今以上においしくなるよねと。これを数値的にきちんと捉えることができる時代に入ったと説明されていました。農水省も「みどりの食料システム戦略」で、ＡＩも含めて新しい技術を活用した、新しい感覚で推進していくというところは、私も期待しています。

夢があるものを実現していくということにならないと、文化として継承されていかない。「オーガニックビレッジ宣言」をしましたとなっても、そこの市長が変わってやらなくなってしまったら、それでは困ります。

各地域の独自性が継続されながら、それが拡大していく。縦糸と横糸のバランスをとりながら、深堀りして、地下水脈につながりながら、日本がもっと世界につながっていく。

ヨーロッパは表現力がうまいのでリーダーシップをとっているように見えますが、「オーガニックビレッジ宣言」というのが一つのきっかけとなって、新しいまちづくりが進み、継続できるような体制をどうつくれるか、その辺はどうでしょうか。

中貝　いまおっしゃったことは国ではできないんです。なぜなら国はプレーヤーではないから。国は応援団になることはできますが、国全体として何が望ましいかということに対しては、彼らは責任を果たさないといけないけれども。プレーヤーはどこにいるかというと、文化まで入れると、その地域にいる人たちにならざるを得ない。衰退するしかない一方で、地域を元気にしようという時に、そこを総動員する。

そうするとプレーヤーは農家であり、ＪＡであり、あるいはそれを食べる人たちであり、学校給食にいる現場の人たちであり、あるいはアーティストさんたちが入ってきたり、そこに住む人々です。

ここがきちんと動き始めたら、トップが変わっても変わらないですよ。多少、ブレーキがかかることがあるかもしれないけれども。その時に、農水省も都道府県も自分たちは応援団であるという、そこをきちんと理解しておかないといけないと思います。

コウノトリの野生復帰をやる時に、例えば国交省も重要なプレーヤーなわけです。川をいかに生きものでいっぱいにするか。そういうことを国交省は見事にやった。治水と両方合わせる。堤防は豊岡の場合、あまり高くできないんです。軟弱地盤なので。沈んでしまうので。その制約の中で、治水対策をやろうとすると、川底を掘るんです。

その時に、深く掘るという方法もあれば、広く浅く掘るという方法もあります。国交省は豊岡では、河川敷を深く狭く掘るのではなくて、浅く広く掘ったんです。要するに、縦×横が一緒だったら、流れる水の量は一緒なんですよ。浅くないとコウノトリは降りられないんですね。しかもクチバシが20～25㎝ですから、１ｍのところだと降り立てないし、30～40㎝でもクチバシが届かなくて餌をとれない。だから、浅く広くしたんです。きちんとコウノトリが降り立っています。ですので、国交省は非常に重要なんですが、ずっと国交省や農水省や環境省の人たちに言い続けたのは、「みなさんの夢を豊岡で実現しようとは思わないでください」と。国交省は治水もやるし、生物多様性、環境保全も言っている。その国交省の夢を豊岡で実現しようとは思わないでくださいと。そうではなくて、みなさんの事務所が豊岡にあるので、豊岡の一員でしょうと。豊岡はコウノトリがもう一度かえってきて、住めるようなまちをつくろうと思っていて、まちの一員である国交省のみなさんはその中でできる役割を果たして欲しいと。直接職員の方々を集めていただいて、そういう講演をやったり。そうすると彼らも、自分たちがやっている仕事がどこに結実しているかということが見えてくるんですね。彼らもやる気になってくる。

日本全体のことを考えてこうあるべきだ、それの適用を豊岡でやる、というよりも、「豊岡がそういうのであれば、私たちができることを力貸してやろうじゃないか。それでコウノトリが空を飛んだらすごいよね」と国交省の皆さんが思った時に、元気が出てくるわけですよね。

有機の話も、各地域が自分たちの未来のことと絡めて「オーガニックビレッジの方向に行こうよ」と言っていると。それを農水省は亀岡の夢を応援すると。地域はみんな違うわけですから、一律の技術でできるはずがない。知恵はもちろん、データベース化して、共通なものはどんどん、データの共有化を図ればいいと思いますけれども、サポートする側も、個別にサポートするという視点に立って、ものごとの組み立て方を、まずローカルを主体にして、頑張るローカルがいっぱい増えてきたら、トータルとして日本全体が元気になるという。このストーリーだと思います。

金融政策は日本全体という形で動いていると思いますが、有機農業はそれでは動かないです。

勝又　有機農業の場合、各地域の土壌が違う。その違いをうまく利用してなにかを作る。おっしゃる通りですね。それに様々な応援団が、入っていくということですよね。

中貝　いろいろなノウハウを国は集めやすいんですね。豊岡で頑張っても集められないので、サポートとして、「こんな例があるよ」とか。「技術的にはこういうことを考えたらいい」とか。「このことを聞きたいのであれば、こういう人がいるから聞いてきたら?」というように。

さらに、有機農業で重要なのは、出口戦略です。作る側ばかりのことを考えているんですが、買う側がきちんといい値で買ってくれないと、続かないですよね。

勝又　そうなんです。昨日、たまたま亀岡で、上智大学の伊藤毅先生が、フィールドワークで来てました。どうして来られたんですか?と聞いたら、ものを作っても売れないと困ると説明されていました。

有機野菜作りを70年代からやっている人は結構、思いが強く、売れるか売れないかという部分からすると、ある面で期待して作っていることが多くて、それをもう少しなんとかしないといけないのではないでしょうか。

どうしたらなんとかなるかを研究テーマにされているようです。

本当は各地域の生協などがもっと積極的に動けるような状況になると、また違うと思います。今までのアメリカ型のスーパーのような巨大な購入組織が、価格をコントロールしていたのが少しずつ変わってきています。

このような時代にはなってきているんですが、どういう価格構造で動いていくのか。有機野菜作りで有名な埼玉県小川町の人たちを研究した折戸えとなさんという方が、その成果として『贈与と共生の経済倫理学』という書籍を著わしています。要するに買ってくれる人と、作った人の関係の中で、思いやりや信用で値段が決まっていくという仕組みが、ある面ではつくられていたようです。

そのような中で有機野菜づくりが細々と続いてきた。それがいま、農水省の「みどりの食料システム戦略」の下、こういうふうにやるんだという掛け声が出てきて、生産者が増える可能性はあると期待しています。

出口戦略をどういうふうにしていくかというのは、一つの重要な課題です。これは自治体だけではやり切れない。自治体としては給食でなんとかしましょうとか、そういう方法でやっていますけれども。それでは広がりという意味では難しいのかなと考えます。

何か期待するものはありませんか？

中貝　コウノトリの例のように、要するにブランド化を図るということ。それは言葉では言えるけど、そんなに簡単ではなくて、学校給食は最低限の量は確保できますから、スタート時のカバーとしてはいいと思います。農家も、自分たちをつくったものを孫が食べる、ということが見えますので。

ただ、このまちの農業を、１００％有機は無理にしても、有機農業が大きな特色ですよというぐらいに量を稼ごうとすると、やはりマーケットを相手にしないといけないですよね。

その時に、慣行農業と同じぐらいの値段でしか売れないのであれば、やってられないですよ。ですので、マーケットの中で選ばれる仕組み。亀岡なら亀岡の有機産品が選ばれるためにはどうしたらいいか。ここのノウハウがないんですよ。なかなか。

当然、味はよくなくてはいけない。ところが、有機農業なら美味いと思っている人が多いですが、必ずしも美味しくないんです。プロに言わせると。あんまり。むしろ農薬が入った方が美味いという人がいるぐらいで。

食べる方も有機なら美味しいと思ったら以外とそうではなかったということがある。そこはやはり、美味くなるような技術開発をしないといけないですよ。これは個々人一人ずつだけではできないですよ。

美味しいのをつくっている人がいたら外から招いたり、みんなで勉強会をやるみたいなことをやらないといけない。個々の農家に「やれ」と言ってもなかなかできないです。そこのところは行政であったり、ＪＡであったりが支援をしていく。

昔の有機農業はその辺の店でちょろちょろと売れればよかったわけです。だけれども世の中を変えようとすると、量的に、面的に広がらないといけないわけです。量的に、面的に広げようとすると、スーパーだとか、デパートだとか、大手に売り込んでいかないといけない。大手というのは一年間通じて米がないと、扱えない。いま売り切れています、と空白にしておくわけにはいかないので、他の商品を入れてしまったら、再び他に入る余地がなくなってしまう。

そうすると、流通で、例えばＪＡが、Ａさん、Ｂさん、Ｃさんがつくった米を集めて、その量を背景に、イトーヨーカ堂に行ったり、デパートに行ったり。それであれば1年間ありますよね、ということになる。

その時に、作る人の米が一人一人味が違ったりしますよね。これを全体としてどのようにレベルを高めるか、というようなことはやはり個々の農家ではできない。

そうすると、そういったことをＪＡであるとか、行政が支援をして、外から技術者を招いたりして、みんなで勉強会を開きながら、切磋琢磨してレベルを上げていく。有機でかつ美味しい。それだけではマーケットは反応しませんので、いかにそこに魅力的に売り込むか。

これが大資本であればコマーシャルを打って、「豊岡の米」と宣伝すればいいですけれども、豊岡市にそんな力はありません。

又勝　前回、中貝さんとお話をさせていただいた時に、沖縄への米販売のお話がありました。あのきっかけはなんだったのでしょうか?

中貝　宮崎県綾町で（沖縄のスーパーであるサンエーの）社長が私の話を聞かれたんです。宮崎空港でいろいろとお店が出ていますよね。そのお店の人たちのグループが組織化されていて、その総会でコウノトリの話をしてくれと。その時に、私たちがお手本にしたまちは綾町だと。あそこは本当にすごい。「ここならコウノトリが孵るな」と思いました。

その話をしたら、今度は（空港会社の人が）綾町長と会われた時に、「この前、中貝市長があなたの町をえらい褒めていたぞ」と話されたらしいんです。

それで、そういうことならということで、毎年開かれている有機農業大会。その基調講演に来てくれということになりまして。

サンエーは綾町とキュウリの買い付けの関係があり、招待があるわけです。その時だけ、たまたま社長が来ておられてたんです。普段は担当者なんです。私のコウノトリの話を聞いて驚いて、夜の懇親会の時に近寄ってこられて、「あの米をうちで扱いたい」と。私は帰るなり、サンプルを買って、これを送ってくれと。あとはＪＡに「サンエーという会社の社長がコウノトリの米を扱いたいということなので、あとはヨロシクね」と。社長は社長で、帰る飛行機に乗る前に専務に電話して、「豊岡から米のサンプルがくる。ただちに売る準備をしろ」と。袋の印刷に時間がかかったそうなのですが、一か月後には店頭に並んでいました。並んでみたら初年度から１００トンいったんですよ。沖縄は米がすごい重要な食べ物なんですね。憧れの。そもそも作ってないですし。アメリカの占領下の時に古々米みたいなものが入ってきて、まずい米を食べていたと。美味しい米が食べたいと思っている地域なので。

御仏壇にお供えするのはお米のようなんです。きれいな化粧箱に入れたものをご先祖様にお供えすると。そこにコウノトリの絵が描いてあったら、こんなめでたいことはないと爆発的に売れたんですね。

豊岡の作戦は、テレビなどでコマーシャルを流して、マーケットに直接働きかけることができないので、売る人たちにコウノトリの復活の物語を理解していただいて、「あぁ、それはすごい話だよね」と感動した人たちが、自分の考えで動き始める。サンエーは自社で「コウノトリ米」のコマーシャルをつくってテレビで流したみたいです。

勝又　「オーガニックビレッジ宣言」の首長さんたちは、いろいろなネットワークを拡大していくことが、一番の広がりになるのではないかと考えます。近郊農業は野菜などに付加価値があるわけです。地域の独自性を自分たちで考えて作物を作る、それをいろいろな人たちに共感を持ってもらったり、縁もあるでしょう。そのようなことが最終的に生産の拡大につながるのではないでしょうか。

中貝　例えば、豊岡の米だと、食べる貢献とＪＡは言っているんですけれども、つまり、「安心安全な米を食べてあなたの健康にいいですよね」ではなくて、「あなたが食べると、消費が増えるので、作付面積が広がって、環境がよくなることにあなたは貢献してますよ」ということになります。

例えば、「亀岡でつくるお米は有機で作られています。あなたたちが食べてくれることによって、亀岡の農地が守られて、そこにあった農村の文化が守られています」というように。

本人は安心安全なものを食べたいと思って、多くの消費者は食べるわけですけれども、それだけではない。「あなたたちが食べてくれることによって、亀岡のあの美しい農村風景が守れるんですよ」と。

「そうか、あの人たちが頑張って、この農村が守られているのか」とわかった時に、それがエネルギーになる。

ですので、地方が自分の問題意識で取り組むことに意味があると思うんですよ。これをやるとCO_2がこれだけ減って、という話ではなくて。「そうか、亀岡の農村風景を支えているのか」というのは例の一つで、色々な売り方があると思うんですけれども。例えば、ものすごく素晴らしい祭があるとすると、「この祭を支えている村を守るためにも、この野菜を食べて」というように。色々なことが考えられると思うんですよね。

いずれにしても販売戦略ですね。

勝又　持続可能な社会を目指すということは世界の潮流になってきています。アメリカにおいても、中国においても、自国を守るため、いま、経済主導型で考え過ぎているように思います。それに対してヨーロッパは、経済を守るというより、持続可能な社会をみんなでつくりながら、最終的に経済も維持するという考え方をもっているように見えます。

日本は両方を理解しながら、バランスの取れるようなことをしていく。そのためには日本の地域がいろいろなことをアピールしていく時代です。そうすることによりアジアの国にとってみても、一つのモデルになるような気がします。

アメリカ的な経済ですべてを牛耳れるわけでもなく、需要と供給がお互い、いいバランスを取る。安いものを売ればいいというスーパーの考え方も、実際に変わりつつあります。食べる人間も、都会に住んでいようとも、これを食べることによって地域への貢献ができる。先ほど、「食べる貢献」というお言葉を使われましたが、本当にその通りだなと思います。

いま、太平洋側と日本海側では地域が太平洋側に偏っている部分があるような気がします。できれば、最低でも県単位の大きなエリアとして考えたらよいのではないかと思います。

日本の地域の発展は、やはり山の幸、海の幸があって、農耕ができるところ。本当は市の隣のまちとか、そういうところも自然環境からすると、すごく重要なのではないかと考えています。私は内水面漁業組合の応援団の中に入っているんですが、川のつながりは重要です。これが大きな役割を果たしてきたと思います。世界的にも四大文明の発祥というのは基本的には大河の畔です。そういう意味での地域の関連性を考えた時に、兵庫県全体がオーガニックという方向で動こうとしていて、日本海もあり、瀬戸内海もありという地域性の中で、このようなことをしたらというアイデアはありませんか?

中貝　基本的に、兵庫県は南側に大消費地があって、北側に生産地があるので、そこをどう結び付けるかということがあります。あるいは生産の現場を見る時に、東京からは遠いんですけれども、神戸からならすぐなんですよ。だからリアルな連携がやりやすいのではないでしょうか。

それと、売り先として重要な海外、輸出ですよね。国内マーケットは小さくなる一方ですから。だけれども、地方のJAだとか、米などを海外に売りに行けないですよね。どこに行っていいのかわからない。豊岡の場合はそれでも職員が見本を抱えて、キャリーケースの中にさんざん米の見本を抱えてニューヨークを走り回って、切り開いてきたんですけれども。それは豊岡にとって戦略的なことだったから、予算をつけてやってきたんです。

JAは商売ですから、ものになるかわからないでは、なかなか手を出せないです。それなら、行政。ところが、豊岡市にとっても結構な負担です。職員の旅費だとか。国がその旅費を補助しないんです。国は補助すると言うけれども、何の補助をするかというと、向こうで見本市をやる時の出展料の補助をします。10万円ぐらいの補助をもらって、何になるのか。一番お金がかかるのは、職員の旅費なんですよ。一人だけでは行かせられないですし。そこは旅費だとか人件費などは対象外ですといって、彼らは「応援してます」と言うけれども、全然応援にならない。今はわかりませんが。

実際に世界に、観光ではなくて、米を売りに行くということがどれだけ大変か。

それから、アメリカに何か所か行っても、どこかで倉庫が必要なんですよね。輸送するにしても少量のものなんて、コンテナがいっぱいにならないので、いろいろなものを抱き合わせるしかないとか。たくさんハードルがあるんです。やってみないとわからない。現地で保管庫が必要というのもやってみて初めてわかるわけです。誰が保管してくれるのかと。「コストがかかるよね」と。その辺のサポートですよね。財政的な面もそうだし、「ここにいい人たちがいるよ」と、ノウハウを結びつけるような。やるのは豊岡の人たちだと思うんですよね。豊岡と心を一つにした商社でもいいですけれども。

いまお話を聞いていて思ったのですが、持続可能性の中に、コミュニティの持続可能性が入らないといけないんですよ。それが、有機産品が売れて、農家の収益になって、「それなら私もそこでやろうか」と言って、若い人たちが入ってくる。いま言われている「持続可能性」は、環境問題としての持続可能性ですよね。それを支えているのはコミュニティなわけですから、その持続可能性のために、有機農業はおそらく可能性があると思います。

コミュニティの中にある美しい風景であるとか、伝統的な文化も含めたコミュニティですよね。ここの持続可能性がなくなってしまっているわけでしょう。

勝又　風景だけでなく、今、コミュニティの持続可能性自体が崩壊しつつあります。だから、それで田舎ではまたお祭をやって、一つの共通の話題にしようと努力しています。それだけでは社会が継続しない。ＳＤＧｓが掲げている17項目というのは、それなりにヨーロッパ人が考えた知恵だったのだと思います。その一つの流れの中に、日本では「オーガニックビレッジ宣言」というのがあります。17項目をまとめあげて、持続可能な社会にする取り組みが日本全国で起これば、新しい日本型のモデルができるのではないかなと期待しています。

それを今回、自分としては「シン・オーガニックビレッジ宣言」のすすめということなのではないかと考えました。昔話ですが、夏目漱石はロンドンに行って、スモッグの中、英国紳士との生活に疲れ果てていました。それでスコットランドに行って、牧歌的な風景に、これは日本と共通項があり、心が癒やされました。逆にスコットランド人が日本に来て、こんな素晴らしい国民はいないと言って、明治の日本の産業革命の手助けを日本にしたという事実は、大きな歴史観があると私は感じています。

コミュニティの維持という意味も含めて、「オーガニックビレッジ宣言」のＰＲをして。豊岡は地域連携を含めて、豊岡が中心で、その地域が大きくなる。それが兵庫県の神戸市まで、オーガニックという力でつながって、そしてコミュニティが栄える。是非そのようなことを考えてほしいですね。

まちとして、県として兵庫県が変わってくると、京都も変わってくると思うんですよね。消費の大阪、京都一帯の関西の経済圏、神戸も含めますと、本当に大きく変わってくるんだろうなと期待しています。

今度、亀岡市は14haの土地に公園をつくるらしいんです。「オーガニックビレッジ宣言」を印象付けるような公園になるようです。

「観光地の京都からすぐです。京都に爆発しそうなぐらい人がたくさん来ている中で、誘客を拡大する。そういうインバウンドの経済圏に、また京都の台所という立地のよさもあります。そういう意味での公園になればすごいですね。」という話は昨日もさせていただきました。

神戸と豊岡を結ぶラインもそういうことになれば、田中角栄氏が道路は文化だと言った時代がありました。オーガニックが一つの文化になり、それが新しいまちづくりに広がる可能性があります。

兵庫県は連携しやすそうです。オーガニックビレッジ宣言自治体が一番多い県です。それを兵庫県立大の人たちなどが考えたりして、兵庫県モデルを是非つくっていただければおもしろいのではないかと思います。県の単位で「オーガニックビレッジ宣言」が動いていき、そういうことに理解のある県知事が増えれば、また変わっていくと思います。

中央官庁からはしっかりデータベースを活用させてもらい、やはり地域は地域ですごいと言われるような、システムが根付いてくると、本当の自治が広がるような気がします。

最後になりますが、未来の子どもたちに伝えたいことは何かありますか。

中貝　子どもたちに言いたいのは、世の中は変えられるということですよ。

強い情熱と戦略性と、運ですね。運がよければ世の中は変わる。

勝又　戦略は一番難しいのではないですか？

中貝　どうでしょう。まずは達成したい未来をはっきり描くことですよね。

ビジョンとも言いますけれども。達成したい未来と現在には差がありますから。これをどう埋めるか。それができるのが戦略なんですよね。この戦略に基づく活動を組み合わせていくと、現状を未来にもっていくことができ得る。本当にできるかということを事後ではなくて、事前に徹底して、論理的に考えていくというのが戦略なわけですね。そういう発想をしていないですよ、全然。国の戦略も、あれもこれも全部入っていて。どこからつつかれても文句がないように入れるので。それは戦略とは言わないですよ。戦略の重要な要素は、切り捨てることです。達成したい状態を明確に定義したら、それに役立つものはとことんやるけれども、役立たないものはやらない。それが他のことに役立つとしても。切り捨てるということができていないですよ。

勝又　首長のリーダーシップも重要です。兵庫県でしたら元明石市長の泉房穂氏は強いリーダーシップを有していたように思います。

中貝　オーガニックの話は泉さんにはできないと思います。彼がやったのは、市長としてできることをやった。医療費をタダにする、給食費をタダにするというのは、市長が決めたらできてしまいます。ところがオーガニックというのは市長が決めてもできないんです。農家が「そうだ」と言って、農業のやり方を変えないと、できない。もちろん市長は予算をつけて応援することはできますが、給食費は市長が決めればできます。もちろんたくさん反対はあるし、議会を通るかということはあるので、それはそれで彼のやったことはすごいですけれども。

有機農業の問題は、それでは済まないので、よほど大変です。農家のみなさんが「そうだよね、あなたの言う通りだよ」と言って動かないといけない。でも、喧嘩を吹っ掛けられた農家は動かないです。

別のスタイルのリーダーシップがいるんですよ。そこに手を付けようとしているわけです。いまの「オーガニックビレッジ」というのは。ですので、辛抱がいるんです。「農薬も使わない米なんかできるか!」と言われて喧嘩したらそれで終わりでしょ。それでも粘り強く、「農薬を使わずに米や野菜をつくるのは難しいかもしれない、農薬を使うのはよくわかる」と。「だけれども未来を考えた時にこのままでいいですかね?」と対話をして、農家が「そうだ、わかった」と言わないと、一歩も動かないですよね。政策を決めたとしても。

逆に言うと、ここが動き始めたらすごく意味がある。求められているリーダーシップはまったく違うんです。泉さんがやったことはすごく素晴らしい。だけれども対話型にもっていかないと、と思います。

みんなが自分の問題として受け止めて、自分で納得できた時に後戻りはしないんです。誰かの協力ではなくて、「そうだこの村を守るためには有機農業だ。やろう。」となった時に動き始める。動き始めたら本当に戻らないですよ。

勝又　おっしゃる通りです。やはりみんなが納得して、「このまちを守ろうよ」というような体制をつくっていかなくてはいけません。

中貝　「オーガニックビレッジ」は対話がふさわしい分野だと思います。喧嘩ではなく。その意味では実験なんですね。対話型でまちづくりをしている自治体は、日本にそんなにないと思います。

みんなが対等な立場で異なる意見を持ち寄って、それでもチームの一員として、お互いに力を合わせて結論をつくりあげていく。民主主義ですよね。プロセスとしての民主主義です。国政の民主主義は51対49でも、多数じゃないか、ということになりますけれども。

まちづくりの民主主義はそういうことではなくて、「農薬を使わずに米ができるかー」という人も、「それはそうだよね」と言いながら、それでも「これから先、どうしますかね?」ということを言って、「この村を守るためにどうしたらいいですかね?」と言って、まったく違うもの同士が、多数決で決めるのではなくて、とことん議論して、見つけ出していくというスタイルです。求められているのは。これができたら、プロセスとしてすごいことだと思う。民主主義だと思います。

勝又　そういう意味で、日本が今回、本当の民主主義国家になったらいいなと考えております。

中貝　あと一つ。あらためて、「みどりの食料システム戦略」の有機農業の部分を読んで、読みにくいなと思ったんですけれどもね。本文に現状が書いていないんです。

２０５０年に作付面積の25％を有機農業にするというんですが、いま何％か本文に見当たらないんです。別のところには書いてある。現状はこうだけれども、ここに行きたい、だからこうした作戦をとるというのが戦略なので。戦略の体裁としての欠陥だと思います。

勝又　私も10年前、日本はもうダメだなと思って、田舎に帰っていろいろ考えましたけれども、コミュニティを一生懸命守ろうとしている人たちが、まだまだいる。だから、そこを守ることができたら、新しい日本になると期待しています。

今回はいろいろと勉強になりました。ありがとうございました。

3　オーガニックビレッジ制度に求められる3つの心

以上が中貝宗治元兵庫県豊岡市長のインタビュー内容でした。

それでは、この内容も踏まえながら、「オーガニックビレッジ宣言」を更に推進するために求められる3つの心を「シン・オーガニックビレッジ宣言」として示します。その3つの心とは何か。本節で以下、ご説明いたします。

(1)「農」の心

第一に、「農」の心です。古来、日本の百姓は、自然の恵みへの感謝の気持ちを有していました。思想家の宇根豊氏は日本ではこの「自然」という言葉が次のような変遷をたどってきたと述べています。

①中国で老子・荘子の思想の真髄を表す言葉として造られ
②仏教と出会って影響を与え
③日本に渡って来て、変容しながらも人間の生き方の手本として定着し
④明治期にネイチャーの翻訳語として新たな意味を付加され
⑤そしてとうとう、ネイチャーとも融合して、日本人に新しい「自然観」をもたらしたのです
(出所：宇根豊『日本人にとって自然とはなにか』)

その上で、宇根豊氏は前述のことが、いまの私たち日本人に次のような変化をもたらしたと述べています。

①自然を科学的に外から見る習慣が広がりました。とくに言葉にするときはそうです。

②自然を人間のために利用するという発想が強くなりました。自然のめぐみを「農業産業」と言い換えて、農業では「できる」「とれる」という受け身の発想から「つくる」という人間中心の態度への転換がすすみました。

③自然に感謝することよりも、自然を人間活動への制約ととらえて、克服する気持ちが強まりました。

④天地自然に没入することが苦手になり、やりにくくなりました。

⑤天地自然に対する宗教的な感覚やアニミズムが衰えていきました。

（出所：前掲）

前述の特に②③でも示されているように、自然の恵みへの感謝の気持ちが失われてきているのです。しかし、人間は一人では生きてはいけません。天から食べるものを与えてもらっている。そうした百姓の心を田舎のみならず、都市部でも取り戻すことで、自然にやさしい農業、オーガニックへの共感が広まっていくはずです。

さらに思想家の宇根豊氏は、『農とは人間が天地と一体になることだ』と語っていた百姓がいたことを思い出しました。」と述べており、農業と農の違いを以下のように表現しています。

「農業」とは、農のうちの産業部分、つまりカネになる部分です。農のごく一部でしかありません。私は農は、天地自然の中にゆったり浮かぶ大きな舟だと思います。この舟には、人間も生きものも、そして「農業」も乗っています。舟のことを忘れ果てた農業ではいけないでしょう。舟に気づくなら、舟を浮かべている天地自然の豊かさや美しさにも目を向けることができます。資本主義とは「農業」にばかり注目され、農という舟と天地自然を見失わせようとしています。

（出所：宇根豊『農本主義のすすめ』）

明治維新直後の明治5年（1872年）においては、農業就業者は1470万人で、全就業者1908万人の77％を占めていました※。地域に分散していた農業就業者が産業革命によって、工場や都市に出てくるようになり、昭和30～40年代にはそうした傾向が爆発します。こうして、自然を開発の対象としてみる西洋的な自然観が浸透していくことによって、農の心も失われ、環境破壊が進行していくことになります。さらには、欧米的な資本主義も浸透していく中で、「今だけ、金だけ、自分だけ」の人間が都市部で増えたように思います。（出所：清水良平「農業労働力の地域分布動向について」）

こうした風潮から脱却し、持続可能な社会を実現していくためにも、農の心を取り戻すルネサンスを展開するべきであると考えます。そして、そのためには、田舎のみならず都市部の人々が、農業や自然を体験することが、その出発点です。都市部に出てきた人々には、自分の田舎をもっている人が多くいるはずです。田舎に戻って農業や自然を体験するのもいいでしょう。また、セカンドハウスを田舎にもって自然体験をしたり、グリーンツーリズムやエコ・ツーリズムに参加するのも一つです。

さらには、都市部に有機農業を体験できるような公園をつくって体験してもらうことも考えられます。例えば、東京都足立区には昭和59年（1984年）開園の「足立区都市農業公園」があり、『自然と遊ぶ、自然に学ぶ、自然と共に生きる』をテーマに、園内の田んぼや畑では自然の仕組みを活かした無農薬無化学肥料での栽培を行い、自然教育普及やプログラム実施、収穫物の園内マルシェでの販売を行っています。」（出所：足立区都市農業公園ウェブサイト）

この公園の有機農業の指導に携わっている、日本有機農業研究会の魚住道郎理事長は、有機農業公園をつくることを検討している長野県松川町の視察に対してガイドをする中で、次のように述べています。

「有機農業公園をつくるということは、森・里・海の勉強ができる。森も、川も、海も、農地も、農家も、林家も、川で生活している漁師さんたちと、みんなで命を共有できるんだと思うんですね。森・里・海の生物から我々の体はできているんですよ。そこからいただく命を我々は小さい時から食べて、今日この体ができていると思えば、森・里・海を汚すことはできないんですよね。だから有機農業をやる必要があるんです。そして、有機農業公園で是非、若い後継者を育ててください。小さい子どもたちに体験させてもらうことが、次の後継者を育てていく契機になると思っています。」

（出所：https://www.youtube.com/watch?v=brPRFxBA57）

こうした自然への感謝の心、農の心を田舎のみならず都市部でも取り戻していくことができれば、自然を守る農業への理解が広がり、オーガニックの生産者のみならず消費者も増えていくでしょう。

また、２０２３年には、東京農業大学と小田急グループ３社が「小田急沿線の地域価値向上に関する包括連携協定」を締結しました。これは、「未来の地球、人類社会づくりに貢献する『農の心』を持つ人材」を育成していくことを理念に掲げる東京農業大学と、沿線の地域経済圏ごとに抱える課題に寄り添う地域価値創造型企業としての小田急グループが連携することで、経堂・本厚木駅周辺エリアはもとより、広く小田急沿線における地域活性化をはじめとした、地域価値向上のための取り組みで、いかに農の心が都市部にも広がり、農村とバランスが図られるかに注目したいと思います。

（出所：東京農業大学ウェブサイト）

(2) 生き物を大切する心

二つ目は、生き物を大切にする心です。第2章で触れたように、自治体の中には、豊岡市のコウノトリ、佐渡市のトキなど、絶滅危惧種と共生するため、独自の有機農法を編み出してきた地域があります。オーガニックは絶滅危惧種、ひいてはその土地の生物多様性を守る、環境保全に貢献する営みと言えます。したがって、生き物を大切にする心を育むことで、生き物を大切にする有機農業に価値を見出し、共感して応援＝生産や消費をしてくれる人々が増えるはずです。

「はじめに」で紹介した『森は海の恋人』は、赤潮の被害で血のように赤くなってしまった牡蠣という生き物をなんとかしようと漁師の畠山氏が奔走するストーリーでした。森の木々の養分が、川に流れ、海に注がれるため、森・川・海はつながっています。したがって、牡蠣という生き物を大切にするには、有機農業を推進して農薬や化学肥料が川に流れないようにすることや、森に植樹をして養分を蓄えることなどが重要だということに気づかせてくれる好事例と言えます。

では、こうした生き物を大切にする心はどのようにすれば育まれるのでしょうか。豊岡市や佐渡市のように、絶滅危惧種という大きなシンボルがいる自治体では、そうした生き物が絶滅の危機にあり、共生するための取り組みを伝えていく中で、生き物を大切にしたいという心が芽生えやすいと思います。また、『森は海の恋人』の事例のように、赤潮の被害で牡蠣が赤くなるといった、目に見える被害を受けている場合は、なんとかしようという気持ちが生まれてくると思います。

一方で、そうした絶滅危惧種や被害が目に見える生き物がいない地域はどうすればいいでしょうか。その一つは、第3章で農水省の大山兼広氏のインタビューの中でも触れられていた、「生きもの調査」を実施して、自分たちが住んでいる地域にどのような生物が生きているのか、市民自身が把握していくことが考えられます。

「生きもの調査」とは、農水省によれば、「地域の生物多様性の現状を自分たちの手で把握するため、そして保全活動を決定するうえでの基礎資料を作るため」に行われるもので、調査の流れを含めた資料も公表されています。（出所：農水省）

既に様々な自治体で調査が行われており、地方だけでなく、例えば東京都港区のような都市部でも実施されています。港区では小学3、4年生を対象に、身近な生きものに目を向け、身近な自然に興味を持ってもらえるよう、「みんなと生

きもの調査隊」と銘打ち、教育の一環で実施をしています。（出所：港区ウェブサイト）

私はこうした、子どもの時から自然や生き物に触れさせ、生き物やその多様性の大切さを教えていくことが、感性が磨かれ、ＡＩなどのテクノロジーにとってかわらない、新しい時代の人的資本の強化につながるものと信じています。

また、生きもの調査は自治体だけの特権ではありません。例えば、イオンや全国農業協同組合連合会（以下、ＪＡ全農）など、企業・団体も生きもの調査を実施しています。

イオンでは、「新店が開店する際、お客さまと店舗の敷地内にその地域の環境に適した樹木を取り交ぜて植樹する『イオン ふるさとの森づくり』を１９９１年から実施」しており、お客や従業員の協力のもと、２０２１～２０２２年の２年間でのべ１０１店舗の調査を行ったそうです。（出所：イオンウェブサイト）

その結果、１２０００件以上の投稿から、鳥・昆虫・植物など１３１８種ものいきものが見つかっています。（出所：前掲）

一方、ＪＡ全農は「農業と環境の深い関わりや生物多様性保全の大切さを実感する活動として、「田んぼの生きもの調査」を実施」しています。（出所：ＪＡ全農ウェブサイト）

２００８年～２０２２年の開催で、７８３回の実施、総参加人数は生産者と消費者、子どもたちを含め３６５７６人ということです。「さあ、はじめよう！田んぼの生きもの調査」という電子冊子も公開しています。（出所：ＪＡ全農ウェブサイト）

さらに、東京都は株式会社バイオームと連携し、生物名前判定ＡＩを搭載したいきものコレクションアプリ「Biome（バイオーム）」を活用した都民参加型の生物調査「東京いきもの調査団」を実施しています。これにより、市民は気軽に投稿して参加ができ、自分たちが住んでいる地域の生きものたちの様子を共有でき、生物の多様性を実感できそうです。（出所：東京いきもの調査団ウェブサイト）

これらのような取り組みが様々な自治体や企業等で実施されることに加え、今後は有機農業が推進されるにつれ、どのように生物多様性が回復してくのかについて実感できるような仕組みや専門家の解説などがあれば、生きものを大切にする心の涵養、ひいては有機農業への理解の高まりにつながっていくのではないかと思われます。

(3) 地球愛

三つ目は、地球愛です。「今だけ、金だけ、自分だけ」の資本主義が地球の環境を破壊してきました。しかしそのような精神が続く限りは、資源が有限な社会を持続していくことはできません。

地球愛が必要になった背景について日本の歴史を基に、148ページの図表に沿って説明したいと思います。

日本では江戸時代、「士農工商」という言葉があるように、農民が商人より上の位でありました。豊臣秀吉の兵農分離政策が進み、江戸時代に定着したと言われています。優れた治世を行った唐の太宗の問答集『貞観政要』に学んだ徳川家康は、平和な社会を目指し、長く続く時代の礎をつくりました。アメリカの作家ノエル・ペリン（1927〜2004）は、「鉄砲からの撤退という日本の歴史は、核兵器廃絶に匹敵する未曾有の快挙であり、全世界が見習うべき規範だ」と、家康公の鉄砲狩りを高く評価しました。（出所：ノエル・ペリン『鉄砲を捨てた日本人 日本史に学ぶ軍縮』）

江戸時代の農民の思想に影響を与えたのが小田原市出身の二宮尊徳です。彼は受けた徳や恩義に報いる「報徳」の思想を広め、実践していくことにより、飢饉や災害などで困っていた多くの藩や郡村を復興しました。（出所：秦野市ウェブサイト）

また、亀岡市出身の石田梅岩（1685〜1744）は商人の思想だけでなく庶民に教育したことで、二宮尊徳（178

～1856）にも影響を与えたと言われています。

各農村では豊作祈願のために、その土地を鎮め、守ってくれる神様である鎮守様を祀っていました。そうした村落では愛郷心や地域のコミュニティを大切にするという心が育ちましたが、一方、西洋では、奴隷的な存在の農民が作物を作らされるという形のため、愛郷心や、(1)で触れた、自然の恵みへの感謝の気持ちである「農」の心が育ちませんでした。

その後、明治時代では、特に日清・日露戦争により愛国心が生まれ、西洋列強に負けないための成長拡大路線をたどることになります。これによって、農の存在が商工よりも小さくなっていきます。この時、司馬遼太郎の『坂の上の雲』に描かれているように、工業力増強のために、人が地方から都会に大量動員されていきます。

1929年には、アメリカの株価の大暴落に端を発した世界恐慌が起こり、その影響が日本にも波及していきます。多くの農産物価格が下落し、農民の生活に深刻な影響を及ぼすことになります。

国の基礎として農業や農村を重んじる農本主義の思想家である橘孝三郎は、農村が貧困に苦しむ現実を打開するため、1932年、自らが主宰する愛郷塾の塾生たちとともに「農民決死隊」を組織して、5・15事件※に加担にしていくことになります。

（※政党や財閥を打倒し、軍部中心の政府をつくるために、武装した陸海軍の青年将校や茨城県の農村青年グループの幹部などが内閣総理大臣官邸等に乱入し、第29代内閣総理大臣の犬養毅を殺害した事件。）

また、この時代、高等農林学校を卒業した宮沢賢治は岩手国民高等学校で教諭として、農民芸術という科目を担当しています。その講義内容は「農民芸術概論綱要」となり、その序論では「おれたちはみな農民である　ずゐぶん忙がしく仕事もつらいもっと明るく生き生きと生活をする道を見付けたい」「世界がぜんたい幸福にならないうちは個人の幸福はあり得ない」と書いています。

（出所：青空文庫　https://www.aozora.gr.jp/cards/000081/files/2386_13825.html）

その後は農学校の職を辞し、自ら百姓になるとともに、農民生活の向上をめざして「羅須地人協会」を設立します。『銀河鉄道の夜』をはじめ、彼の作品にはそうしたところから得た農業や農民生活に関わる知識や体験が反映されているように思われます。

終戦後はＧＨＱの指導の農地改革により地主制が解体されました。これにより、地主に高い小作料を払いながら農業をしていた貧しい農家が、自分で土地を持ち、農業を営めるようになります。そして、欧米で開発された農薬や化学肥料が導入にされていきます。

１９７０年、米国の経済学者ミルトン・フリードマン（１９１２〜２００６）が、「ビジネスの社会的責任とは、自社の利潤を増やすことだ」という論文を発表。

１９７０年代から、「今だけ、金だけ、自分だけ」に象徴される欧米流の金融資本主義が台頭します。アダム・スミス（１７２３〜１７９０）は『国富論』で市場機能に基づく自由放任主義を唱えるとともに、『道徳感情論』において、社会秩序が保たれるためには、人間の「共感」といった道徳感情が重要だと説きましたが、後者がなく、前者のみが進むような世界が続いていくことになります。

一方、１９７２年にはローマクラブが『成長の限界』を発表。このまま環境が破壊され続けると、地球がもたないと警鐘を鳴らしました。これが地球愛の必要性につながっていきます。

その後、２０１５年に国連でＳＤＧｓが採択され、持続可能な社会を目指すという理念が各国に浸透していきます。こうした流れを受けながら、日本の農業においては、２０２１年にみどりのシステム戦略が策定され、それを踏まえた「オーガニックビレッジ宣言」の制度が整備されました。

また、ローマクラブの発表から50年以上が経った今、アメリカ流の金融資本主義は息詰まりを見せていますが、地球が限界まできている中、世界のお金持ち達は地球から他の星に逃げ出して、パイオニアになろうとしています。

私の尊敬する経済学者・宇沢弘文氏（1928～2014）は次のように述べています。

「（前略）日本では大きなバブルが崩壊し、リーマン・ショックがあり、経済は非常にきびしい状態におちいっています。私はそのいちばんの原因は、社会的共通資本※として大切に守り、子どもたちの世代に残さなければいけない農村を粗末にしてきたことにつきると思います。日本人はあらゆる生活の営みにおいて農村をベースとして、そこに伝わる教えと生きざまを心に残してきた。それを時代遅れだとか、封建的だという見方でこわしてしまったのです。それにとって代わったのが、アメリカ発の市場原理主義的な考え方で、地球温暖化対策にもそれがはっきり現われています。」※※

（※社会的共通資本とは、「すべての人びとが、ゆたかな経済生活を営み、すぐれた文化を展開し、人間的に魅力のある社会の安定的な維持を可能にする自然環境と社会的装置」（出所：宇沢弘文『社会的共通資本』）

（※※出所：宇沢弘文『人間の経済』）

私たちは地球を捨てていいわけがありませんし、これから宇宙の星々と地球が比較されるにつれ、地球の自然の豊かさの価値を感じられる時代がくるのではないでしょうか。

その際、私は地球愛の原点は郷土愛だと思っています。ふるさとの自然を大切にしない人が、地球の自然を大切にしようとは思えないですし、ふるさとの自然には直に接することができ、実感をもちやすいはずです。

ですので、私は首長の皆さんが、郷土愛をもって「オーガニックビレッジ」を推進し、その成果を地球愛をもって世界に発信していくことが重要なのではないかと考えています。

一方で、地球愛がより育まれるためには、前述にも触れましたが、宇宙を見ることだと思います。そうすることによって、私たちが住んでいるこの地球が、いかに自然に恵まれた星であるか、再認識するとともに、大切にする心が芽生えてくるはずです。そうしたことを促す教育を推進するのも一つでしょう。

大正・昭和時代

1925年〜

・1929年　大恐慌

・1932年　5.15事件　橘孝三郎
↓
・1936年　2.16事件　北一輝

・『銀河鉄道の夜』宮沢賢治

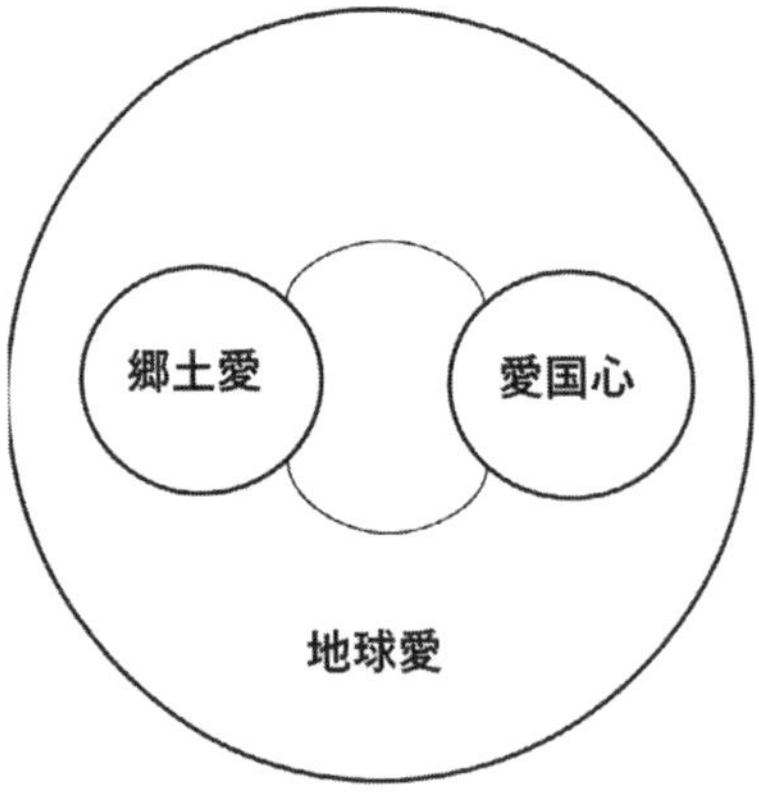

図：郷土愛・愛国心・地球愛の位置関係

戦後

1970年〜

地球愛

・1970年代　金融資本主義（⇒終焉）
（今だけ・金だけ・自分だけ）

・1972年　ローマクラブ　『成長の限界』

・『豊饒の海』三島由紀夫
※日本：文化的天皇制

・2015年　SDG s と環境保全
↓
・農水省　オーガニックビレッジ宣言

↓
『シン・オーガニックビレッジ宣言のススメ
※環境にやさしい農
①農の心を取り戻そう
②生きものを大切にしよう
③地球愛を持とう
（都市有機公園）

郷土愛・愛国心から地球愛へ

江戸時代	明治時代
1603年～	1867年～
郷土愛	**愛国心**
・農：二宮尊徳	・1894年　日清戦争
・商：石田梅岩	・1904年　日露戦争
・工：？？？　→	・『坂の上の雲』司馬遼太郎
	・スコットランド　夏目漱石
鎮守様	西洋とのマッチング

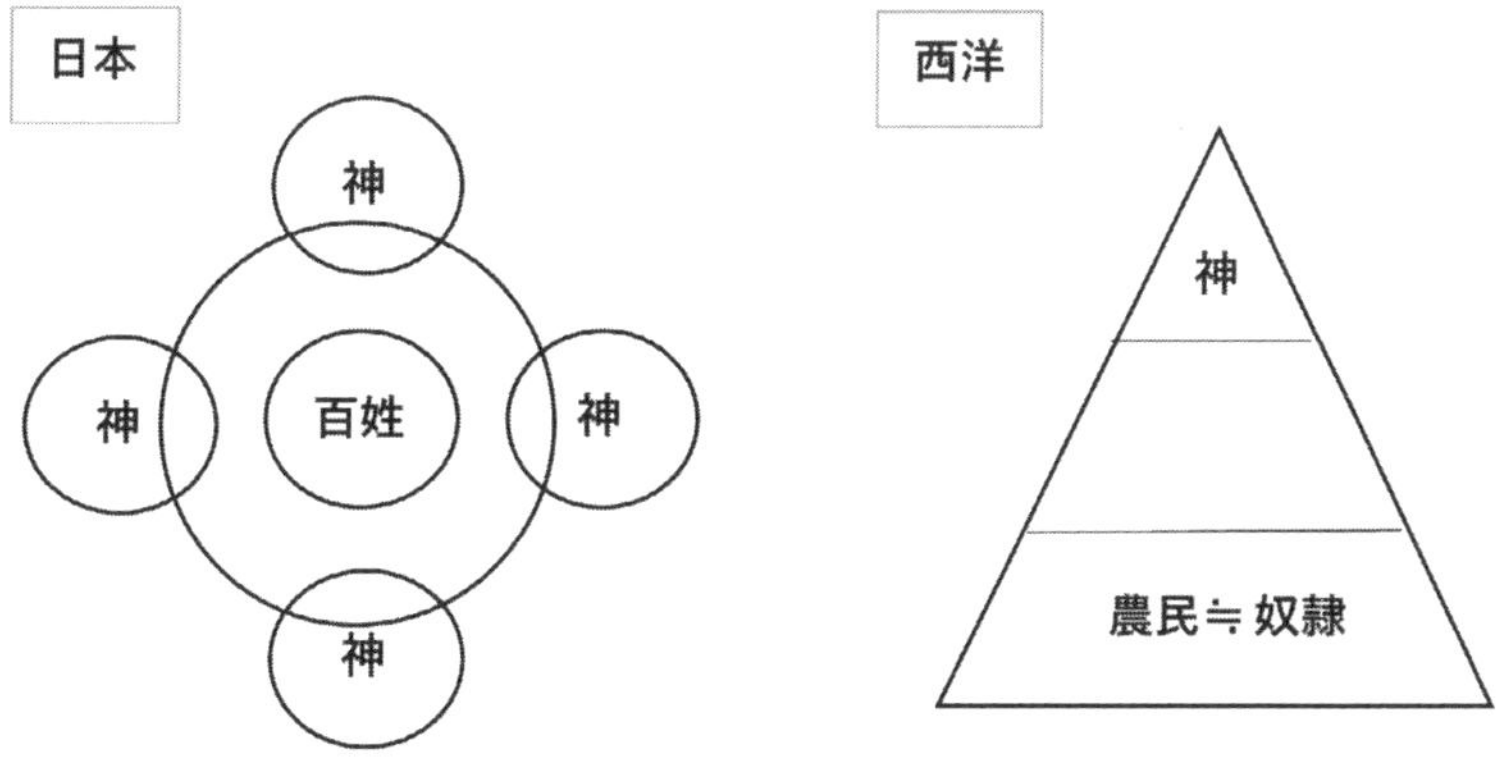

図：農民（百姓）と神の関係　日本と西洋の比較

おわりに

以上、「オーガニックビレッジ」をより推進していくための3つの精神について、「シン・オーガニックビレッジ宣言」として提案しました。

冒頭でも触れた通り、私は大学卒業以来、長い間、ずっと国際金融に従事にしてきましたが、「今だけ、金だけ、自分だけ」といった風潮が蔓延る金融資本主義の行き詰まりを感じていました。その後、田舎に住んでみて、農業に従事する中で、自然にやさしい農業、オーガニックビレッジの試みは、提案した3つの心が宿ることで、持続可能な社会の実現に寄与するのみならず、そうした行き詰まり打開する大きな力をもっているのではないかと感じるようになりました。

(1)農の心、(2)生きものを大切にする心、(3)地球愛、こうした精神を取り戻し、あるいは涵養し、世界に発信していければ、日本はまだ世界をリードできる国になれると思います。これが、元外資系金融マンが田舎に住んでわかったことです。

首長が動けば地域が変わります。特にこれから「オーガニックビレッジ」に取り組まれる首長の皆さんにおかれましては、是非、こうした3つの精神を、宣言や計画に反映していただければ幸いです。

最後に、「シン・オーガニックビレッジ」を実現するにあたり、二点指摘して終わりたいと思います。

一つは、現在、農水省の制度であるオーガニックビレッジを、まず各省庁の連携で推進していくことです。環境省は既に環境保全の取り組みを行っていますが、例えば、経産省はスマート農業（ロボットやＡＩを活用したテクノロジーの産業振興）や輸出の支援、総務省は地域連携の支援、国交省は農業公園やインバウンドへのＰＲの支援など、連携して取り組むことができれば支援が強力になり、より一層の推進が図れるはずです。内閣官房のデジタル田園都市国家構想との連携も可能でしょう。

デジタル田園都市国家構想とは、「全国どこでも誰もが便利で快適に暮らせる社会」の実現を目指した取り組みです。「デジタル技術の活用により、地域の個性を活かしながら、地方の社会課題の解決、魅力向上のブレイクスルーを実現し、地方活性化を加速する」とされています。（出所：内閣官房）

「オーガニックビレッジ」の推進において、このデジタル技術を活用して効果が期待できるのが集荷・配送の分野です。各農家が個々に集荷や配送に取り組む場合、①集荷に関わるコストが捻出できない（梱包、パッケージング等）、②市場までタイムリーにもっていけない（ガソリン代もかかる）農家も中にはいると思います。この時、シェアリングエコノミーの観点から、地域商社を設立して（あるいは既存の組織に地域商社的機能をもたせて）、デジタル技術を活用してそれらの集荷や配送をシェアリングすることで、コストを大幅に削減することが可能です。

具体的には、集荷にMaasの手法を導入します。Maasとは、Mobility as a Serviceの略で、地域住民や旅行者一人一人のトリップ単位での移動ニーズに対応して、複数の公共交通やそれ以外の移動サービスを最適に組み合わせて検索・予約・決済等を一括で行うサービスです。（出所：国交省）

各農家がサイトに登録すると、ゴミの収集のような感じで農作物を回って取りに来てくれるようなイメージが実現できます。各農家が登録した情報等を基に、当日の最短ルート、一番効率的・効果的なルートを割り出すことが可能です。

また、その際、すべての農産物にトレーサビリティを導入すれば、様々な分析が可能になります。トレーサビリティとは、『その製品がいつ、どこで、だれによって作られたのか』を明らかにすべく、原材料の調達から生産、そして消費また

は廃棄まで追跡可能な状態にすること」です。（出所：キーエンス）

それぞれのトレース（追跡）情報をビッグデータとしてためこみ、顧客や納入先の情報も入手し、購入履歴を分析すれば、受注の予想や生産の計画、さらに顧客層に応じたマーケティング戦略の立案などが可能になり、勘に頼らない、ムダのない顧客管理が実現します。

また、こうしたことは各自治体が1自治体で取り組むより、デジタル化で連携して取り組む方がより効率的に行えるでしょう。例えばオーガニックビレッジ宣言を行った93市町をつなげ、共通のシステムを使うことでよりコストを削減することができますし、データをより多く蓄積することで、様々な施策を検討することが可能になってきます。

こうしたことを進めていくためにも、各自治体の商社的な機能を統合するホールディングス・カンパニーのような組織が必要になってくるのではないかと思います。私個人としても、このような地域連携ホールディングス構想実現の方向性を模索していきたいと考えております。

こうした省庁間やデジタルを活用した地域内外の連携が、今後ますます重要になってくるのではないでしょうか。

もう一つは、日本の市町の50％以上がオーガニックビレッジ宣言を実施することを目指していくべきではないかということです。

そこまで普及されれば、環境を守ろう、環境にやさしい農を大切にしようというおおらかな気持ちが日本全体に行き渡っていくのではないかと思います。「２０５０年までに二酸化炭素排出実質ゼロ」を表明する「ゼロカーボンシティ」は、令和元年には9自治体でしかなかったのが、令和6年3月には１０７８自治体までに増えています（都道府県含む）。「オーガニックビレッジ宣言」もそうした動きが可能なのではないでしょうか。オーガニックは有機農産物という実体があるだけに、二酸化炭素の排出よりも市民の関心が広がりやすいのではないかと思います。

栃木県小山市長の浅野正富氏は次のように述べています。
「小山市は23年10月、「ゼロカーボンシティ」と「ネイチャーポジティブ」をダブル宣言した。脱炭素と生物多様性保全の取り組みは共に持続可能な社会を目指すものだ。
大きく違うのは、成果の実感の仕方ではないか。脱炭素は定量的成果を把握しやすい一方で、それによって生活がよくなったと直接的に把握する機会はなかなかない。他方、生物多様性保全に資する有機農業では、生き物と共生する喜びを体感、実感できる。」（出所：日本経済新聞２０２４年4月10日朝刊）

日本は東洋と西洋の文化を取り入れて花開いた唯一の国です。持続可能な社会を実現していくためには、西洋的なテクノロジーの活用に加え、日本・東洋的な「心」がこれからますます大切になっていくのではないかと思います。「オーガニックビレッジ」＋「シン・オーガニックビレッジ」は西洋・東洋双方を理解している日本だからこそ、成功できるものと確信しています。

本書の執筆にあたっては、一般社団法人オーガニックフォーラムジャパンの徳江倫明会長、一般社団法人日本有機農産物協会の西辻一真代表理事には多大なご指導をいただきました。改めて厚く御礼申し上げます。

また、インタビューに応じてくださった、農水省農産局農業環境対策課の大山兼広課長補佐、桂川孝裕亀岡市長、菱田光紀亀岡市議会議長、黒木敏之高鍋町長、半渡英俊木城町長、そして中貝宗治元豊岡市長には、ご協力をいただき、この紙面をお借りいたしまして、深く感謝いたします。

最後になりますが、さまざまな助言やご指導をしてくださいました方々に心から感謝を申し上げて、筆を置きたいと思います。

参考文献

江口克彦『地域主権型道州制―日本の新しい「国のかたち」』PHP研究所、2007年
堺屋太一『日本の盛衰―近代百年から知価社会を展望する』PHP研究所、2002年
高橋哲雄『スコットランド　歴史を歩く』岩波書店、2004年
野口憲一『「やりがい搾取」の農業論』新潮社、2022年
藻谷ゆかり『山奥ビジネス―一流の田舎を創造する』新潮社、2022年
鈴木宣弘／森永卓郎『国民は知らない「食料危機」と「財務省」の不適切な関係』講談社、2024年
フレイザー，ナンシー『資本主義は私たちをなぜ幸せにしないのか』筑摩書房、2023年
斎藤幸平／松本卓也【編著】『コモンの「自治」論』集英社、2023年
佐竹節夫『コウノトリと暮らすまち―豊岡・野生復帰奮闘記』農山漁村文化協会、2023年
藻谷浩介／NHK広島取材班『里山資本主義―日本経済は「安心の原理」で動く』角川書店、2013年
山極壽一『共感革命―社交する人類の進化と未来』河出書房新社、2023年
大江正章『地域の力―食・農・まちづくり』岩波書店、2008年
田村秀『地方都市の持続可能性―「東京ひとり勝ち」を超えて』筑摩書房、2018年
小松理虔『新地方論―都市と地方の間で考える』光文社、2022年
本間正義『農業問題―TPP後、農政はこう変わる』筑摩書房、2014年
窪田新之助／山口亮子『人口減少時代の農業と食』筑摩書房、2023年

ジャック・アタリ『世界の取扱説明書―理解する／予測する／行動する／保護する』プレジデント社、2023年
中曽根康弘『日本の総理学』PHP研究所、2004年
堺屋太一『緊急提言　日本を救う道』日経BPM、2011年
ガブリエル，マルクス／ハート，マイケル／メイソン，ポール／斎藤　幸平【編】『未来への大分岐―資本主義の終わりか、人間の終焉か？』集英社、2019年
トッド，エマニュエル／ガブリエル，マルクス／フクヤマ，フランシス／ウィテカー，メレディス／ロー，スティーブ／安宅和人／岩間陽子／手塚眞／中島隆博『人類の終着点―戦争、AI、ヒューマニティの未来』朝日新聞出版、2024年
K・ボールディング『二十世紀の意味―偉大なる転換』岩波書店、1967年
NPO現代の理論・社会フォーラム編『現代の理論2024冬号　環境保全型農業と「足を知る」思想』2024年
福原義春／文化資本研究会『文化資本の経営―これからの時代、企業と経営者が考えなければならないこと』ニューズピックス、2023年
清水正博『先哲・石田梅岩の世界‐神天の祈りと日常実践』新風書房、2014年
中野孝次『清貧の思想』草思社、1922年
中野孝次『生き方の美学』文藝春秋、1998年
網野善彦『日本中世に何が起きたか―都市と宗教と「資本主義」』KADOKAWA、2017年
網野善彦『中世再考』講談社、2000年
福沢諭吉『学問のすゝめ』岩波書店、1942年
山岸俊男『安心社会から信頼社会へ―日本型システムの行方』中央公論新社、1999年

泉房穂『日本が滅びる前に―明石モデルがひらく国家の未来』集英社、2023年
山口周『世界のエリートはなぜ「美意識」を鍛えるのか?―経営における「アート」と「サイエンス」』光文社、2017年
福永文夫『大平正芳―「戦後保守」とは何か』中央公論新社、2008年
藤原直哉『日本人の財産って何だと思う?―権藤成卿と私の日本再生論』三五館、2015年
J・I・ロデイル『有機農法 - 自然循環とよみがえる生命』農山漁村文化協会、1974年
鈴木宣弘『世界で最初に飢えるのは日本―食の安全保障をどう守るか』講談社、2022年
佐藤光『よみがえる田園都市国家―大平正芳、E・ハワード、柳田国男の構想』筑摩書房、2023年
森嶋通夫『なぜ日本は没落するか』岩波書店、2010年
日本フィランソロピー協会『共感革命―フィランソロピーは進化する』中央公論事業出版、2021年
川勝平太『富国有徳論』紀伊國屋書店、1995年
川勝平太『経済史入門―経済学入門シリーズ』日経BPM、2003年
中貝宗治『なぜ豊岡は世界に注目されるのか』集英社、2023年
内橋克人『共生の大地―新しい経済がはじまる』岩波書店、1995年
武岡淳彦『リーダーシップ孫子―指導者はいかにあるべきか』集英社、1994年
小川原正道『福沢諭吉変貌する肖像―文明の先導者から文化人の象徴へ』筑摩書房、2023年
山下祐介『地域学入門』筑摩書房、2021年
松岡正剛『花鳥風月の科学』中央公論新社、2004年
多胡吉郎『スコットランドの漱石』文藝春秋、2004年

宇根豊『日本人にとって自然とはなにか』筑摩書房、2019年
宇根豊『愛国心と愛郷心 - 新しい農本主義の可能性』農山漁村文化協会、2015年
宇根豊『農本主義のすすめ』筑摩書房、2016年
源了圓『徳川思想小史』中央公論新社、2021年
小口広太『有機農業 - これまで・これから』創森社、2023年
ディクソン=デクレーブ，S．／ガフニー，O．／ゴーシュ，J．／ランダース，J．／ロックストローム，J．／ストックネス，P．E．『Earth for All 万人のための地球 - 『成長の限界』から50年ローマクラブ新レポート』丸善出版、2022年
ドネラ・H．メドウズ／大来佐武郎『成長の限界 - ローマ・クラブ「人類の危機」レポート』ダイヤモンド社、1972年
リフキン，ジェレミー『レジリエンスの時代 再野生化する地球で、人類が生き抜くための大転換』集英社、2023年
中沢新一『緑の資本論』集英社、2002年
畠山重篤『森は海の恋人』文藝春秋、2006年
角道裕司『証券会社がつむぐ「地方創生」の物語 - アイザワ証券「クロスボーダー・ソリューション」の挑戦』毎日新聞出版、2021年
大貫章『二宮尊徳に学ぶ経営の知恵―600の村を救済した〝報徳仕法〟とは』産業能率大学出版部、2006年
近内悠太『世界は贈与でできている - 資本主義の「すきま」を埋める倫理学』ニューズピックス、2020年
折戸えとな『贈与と共生の経済倫理学 - ポランニーで読み解く金子美登の実践と「お礼制」』ヘウレーカ、2019年
農山漁村文化協会『どう考える？「みどりの食料システム戦略」』農山漁村文化協会、2021年

石川武男『よみがえれ農の心』家の光協会、1989年
農山漁村文化協会『季刊地域No.55 2023年秋号』「特集：有機で元気になる！」農山漁村文化協会、2023年
ペリン，ノエル『鉄砲を捨てた日本人―日本史に学ぶ軍縮』中央公論新社、1991年

勝又 英博（Katsumata Hidehiro）

元御殿場市議会議員

株式会社 JP ホールディングス社外取締役

株式会社 食材研究所 所長

シン・オーガニックビレッジ宣言のすすめ
～元外資系金融マンが田舎に住んでわかったこと～

2024 年 6 月 30 日 第 1 刷発行

著作者	株式会社食材研究所 所長 勝又 英博
企　画	株式会社食材研究所
発行者	河内 理恵子
発行所	日本ヘルスケアテクノ株式会社 〒101-0047 東京都千代田区内神田 1-3-9 KT- Ⅱビル4F HP https://www.nhtjp.com/
装　丁	小山 久美子
校　正	森本 悟史
印刷・製本	モリモト印刷株式会社

©Katsumata Hidehiro　ISBN 978-4-9912258-7-1